圖解

準爸媽最關心的
懷孕40週
保健全書

新手父母

婦產科醫師寫給新手父母最實用的孕期指南

高雄馨蕙馨醫院
婦產科主治醫生

曾翌捷 —— 著

U0029871

目錄

Part 1　媽媽寶寶的 40 週旅程

 前期

目錄

中期

後 期

目錄

待產・生產
迎接小寶貝到來！

目錄

Part 3　產後忙什麼？媽媽的產後 3 個月生活

直接抓住重點的孕期指南書

文·**尤瑜文** / 高雄馨蕙馨醫療集團總院長、高雄市中國醫藥大學校友會理事長

溫文儒雅的曾翌捷醫師，被許多媽媽稱為暖男醫師，不僅是看診時會留意產婦的感受，傾聽病患的需求，溫柔且有耐心地回答問題，做完超音波檢查，更是會把挺著大肚子的孕婦扶起來。

此外，曾醫師也對同事非常尊重，不論是護理師還是行政同仁都非常客氣，完全沒有醫師的架子，在產婦和同事間都是一位風評極佳的醫師，暖男醫師的稱謂院裡院外實至名歸。更讓我覺得敬佩的是他將專業經驗融入生活日常，與病人建立起更良好的醫病關係，這是非常難能可貴的。

這本書的內容包含產前、產中、產後、如何坐月子，以及備孕時程注意事項，包含營養、預防保健注射、臨床疾病、孕產醫學常識，鉅細靡遺包羅萬象有如全方位育齡期的教科書，將臨床專業的內容用淺顯易懂的文字，分享給新手爸媽們，指引孕產婦解決臨床面對的疑難雜症，讓不知所措的情況能夠得以紓解。

這本書簡潔扼要清晰易懂，濃縮了曾醫師過往看診及自身是三寶爸的經驗，能讓新手爸媽直接打通任督二脈，與其讀一堆孕產相關書籍，不如讀一本直接幫你抓住重點的孕期指南書。

相信讀完這本書，如獲專業婦產科醫師一甲子的功力，極力推薦所有新手爸媽都必須要人手這一本好書！家有此書，如備一師，極力推薦本書，嘉惠所有的孕產婦。

兼具實用與學術的孕期好書

文‧許德耀 / 高雄長庚紀念醫院婦產科教授、前台灣周產期醫學會理事長

　　曾翌捷醫師要出版關於孕婦的新書，電話一方曾醫師難掩興奮的告知：結集多年來在報章雜誌發表的文章出冊了！一時間內心相當的高興，累積多年內心的願望，終於在曾醫師手上實現。因為坊間似乎沒有一本呈現整個孕期詳細的專書，過去想編輯這麼一本書，作為孕婦的參考，今天終於經由曾翌捷醫師的手把它完成，替未來所有的孕婦能夠擁有一本兼具實用與學術的好書而喜悅。

　　曾醫師曾經是高雄長庚醫院婦產部非常優秀的一份子。2008 年以優異的成績進到高雄長庚婦產部，四年的表現相當亮眼，不論對患者的照顧、刀房、晨會的表現，深得師長的肯定！尤其 2010 年參加臺日周產期醫學會的學術發表，在國際會議是一流的表現。後來曾醫師由於個人因素，短暫離開科部到偏鄉服務，服務結束後再次邀曾醫師回來一起在醫學中心服務，因為內心覺得他非常適合在醫學中心發展，後來因為種種因素最終讓我抱憾。

　　曾醫師雖然在基層服務，卻一直沒放棄多年前的承諾，以醫學中心的學術格局，面對繼續的婦產科醫學之路，做出很多醫學上的貢獻！譬如：曾醫師這幾年在臺灣婦產科、周產期醫學會持續發表學術專業演講、文章，並在報章雜誌筆耕發表對孕婦切身的知識與關懷，10 年發表了約 160 篇專業論述，超過一個月一篇的量，令人敬佩，也令身在醫學中心的我們汗顏無比！

　　曾醫師大作《準爸媽最關心的懷孕 40 週保健全書》是內心理想的一本書，從備孕到懷孕 40 週每一週準爸媽應該知道及注意的細節，鉅細靡遺的提醒與指導，是一本可以讓大家（當然包含準爸媽）遵循參考的寶典，事先從書上獲得的知識一定可以在產檢前充分了解每個孕期面臨的問題，產檢時與產檢醫師溝通後，做出更完備適當的檢查與處理。在此非常恭喜曾翌捷醫師與大家分享這麼一本好書，在少子化的當下彌足珍貴。

為準爸媽提供精確建議的最佳知識書

文·**蔡依橙** / 新思惟國際創辦人、亞洲心血管影像學會先天性心臟病團隊顧問

專業學養，令人放心的白話解釋。

曾翌捷醫師，成為專業婦產科醫師之後，期許自己有更多的突破，於是來到我們舉辦的網路時代之個人品牌工作坊，學會網路經營的概念並架好了自己的部落格，至今持續耕耘六年。

這六年來，他把門診被問過的問題，用專業知識分析後，轉換成所有人都聽得懂的白話，分享在自己的部落格上。藉由網路的力量，更多曾有相同疑惑的女性、孕婦，都能搜尋並看見，除了獲得初步解答之外，來到門診時，也因為讀過部落格內容，有了初步共識，後續也更能針對個別患者的需求，給予精確的建議與治療。

曾醫師這六年來的部落格經營，有兩個很有意思的特色。

首先是跨媒體的影響力。翌捷醫師分享的資訊非常實用且切合現況，多次受到主流媒體重視，並訪問報導，甚至曾登上臺灣主要報紙的頭版頭條。在國際與政治新聞每天都那麼熱鬧的狀況下，醫學衛教寫作能獲得這樣的影響力，非常不容易。這種跨媒體的影響力，也促成了這本懷孕專書的出版。

其次是，他很努力解決「每一位」患者的問題，包括少數族群。這本書是以多數媽咪會遇到的狀況，以及會想知道的事情為出發；但部落格中，很多篇都顯示出對各種不同族群的深切關懷，像是高齡產婦、產後憂鬱、同志伴侶的醫療權益、同志族群哺乳等，如果閱讀本書過後，仍覺得自己的狀況可能有些不同，需要進一步討論的，直接門診諮詢曾醫師，是很值得信賴的！

很高興看到曾醫師網路筆耕六年之後，出版了自己想分享給所有孕婦，從產前到產後的大小事。專業學養，加上令人放心的白話解釋，是給現在與未來的所有孕婦，很好的知識來源選擇！

值得放在手邊隨時翻閱的孕期指南

文・**藍國忠** / 大里仁愛醫院總院長、高雄長庚紀念醫院婦產科教授、
　　　　　　　　前台灣更年期醫學會理事長

好醫師帶來的好的產科衛教知識。

可以與好的工作夥伴在一起共事過的經驗永遠是美好的。當然，在婦產科這個充滿喜樂的工作環境，投入熱情享受甘苦，會讓這種共事經驗更加深刻。

多年後，曾翌捷醫師與我，最深刻的就是那年某天，一台突然其來的少見的產科急症：「胎盤早期剝離」。在陪產先生稍離開買個晚餐，太太已經緊急剖腹順產完成。這中間，胎兒似乎欣慰地鬆了口氣，我們兩人也在產檯上相視一笑鬆了口氣。那時還是住院醫師的曾翌捷醫師，日後依然堅定且懷抱熱情地走上產科醫師的道路。

這些年來，在第一線的產科工作，他是病人公認溫暖的好醫師，技術精湛，細心貼心且耐心。很難得的是，頗具文采的他開始定期在媒體上發表產科衛教文章。

懷孕是一個喜悅的過程，孕前準備、孕期產檢、到產兆發生，待產甚至到產後照護，是一對夫妻忐忑間帶有期待的旅程。一位在診間解說清楚，視病猶親且有豐富經驗的產科醫師，把他與病人診間的產檢日常的叮嚀重點，化作這本精彩的衛教書。

孕育新生命的夫妻值得放在手邊隨時翻閱，安心快樂。

親近、易讀的孕產期健康保養書

文‧**龔福財** / 高雄長庚紀念醫院婦產科教授、
前台灣婦產科內視鏡暨微創醫學會理事長

才氣、專業、熱忱，新世代的產科醫師——

翌捷醫師出書了，讚讚讚！

與曾醫師認識，始於他在 2007 年服兵役即將結束前，那時候他矢志要走婦產科，而且選擇南下到高雄長庚醫院來接受住院醫師的訓練。對這位北部國立大學醫學院的高材生，從小到大都在台北長大；畢業後竟然想到台灣南部來發展，當時就覺得這年輕人必有異於同儕常人的思考，也頗有年少離鄉、雲遊天下之志，令人印象鮮明。

他天資聰穎，在四年的住院醫師生涯，肯學耐勞；好於選讀專業醫學文獻，常有創見。爾後兩年，選定以產科母胎醫學為職志，選定高危險妊娠、高階胎兒影像學為研究主軸，主動在醫學會發表學術論文，在那產科不怎麼熱門的時期，見其用心與堅持。而今母胎醫學成為婦產科領域的顯學，驗證他的遠見，至今對妊娠期的母子健康，做出了巨大的貢獻。

特別值得一提的是，在下鄉服務兩年期間，於社區醫院工作非常認真，發揮產科高階診斷的專才，一時之間博得在地孕婦的信任和院方領導的激賞。還記得當時該院院長在某社交場合，竟然主動過來跟我說「要添購新設備給曾醫師發揮，也請貴院多派些像曾醫師這麼優秀的年輕人來我醫院服務」，當時深感與有榮焉、飄飄然。

如今，曾醫師在高雄市馨蕙馨醫院專職於婦產科工作，極具臨床魅力；數年來頗有成就；平常又勤於筆耕科普文章，在報章媒體或個人粉絲團發表，很受歡迎。有幸閱讀本書的初稿，其主軸內容依懷孕週數安排，非常新穎、有創意；即使像本人——老鳥級的前輩醫師，也覺得津津有味。

當曾醫師的患者是幸運的，因為妳一定曾在診間對他那「學究中帶點詼諧的笑容」著迷過，對「昂頭露齒的說明」安心了不少。當曾醫師的老師是欣喜的，因為在每年教師節他的關懷問候，總是令人貼心感動。當曾醫師的家人是幸福的，大家可以在臉書、粉絲團、或其他社交媒體觀察到他對另一半的恩愛、對女兒們的疼愛，此人乃真男人也。

很榮幸在這「推薦序」言中，描述了這位頂級優秀的產科醫師——曾翌捷、您可能不知道的另一面；其人至情至性，值得信賴。至於本書中的內容，親近易讀，本人強烈推薦之；要不，您看了就知道！

帶給準爸媽
更多知識、更多幸福

產科醫師的生活,總是混亂中帶著秩序。我們常常在午夜接到產婦待產的通知,在天還沒亮時驅車前往產房接生。接著,在護送孩子們上學後,抵達醫院開始一整天的例行工作:門診、查房、常規手術,跟 24 小時全天候待命接生。

為了面對隨時可能發生的突發狀況,我們也養成了節奏明快的工作步調。可是這麼一來,卻也常常在看診時陷入了兩難;一方面想好好解答孕媽咪的疑難雜症,分享她的喜怒哀樂,和看清楚寶寶的一舉一動;另一方面又擔心門外久候的孕媽咪們肚子餓不餓?坐太久會不會腰酸背痛?或是太晚回家路上安不安全?

於是,我開始提前開始看診,希望儘早看完門診,好讓孕媽咪們可以早點返家休息;另外,也開始一點一滴地累積孕產衛教文章的寫作,希望有助於傳達正確的相關資訊。幾年下來,這樣的默默耕耘得到了許多迴響,也讓我深受鼓舞覺得自己是否可以再多做點什麼?後來,我突然想起多年前許德耀教授曾經給我看過一本由台灣周產期醫學會邀請多位專家合著的孕產期衛教書籍,內容幾乎涵蓋了孕媽咪們的各種常見問題。我心想,也許這是我接下來可以努力的方向。

本書的編排就像是一本孕期的導覽手冊。為了讓孕媽咪們可以按部就班地迎接新生命，我按照週數敘述母體跟胎兒在每週發生的細微變化；同時，也搭配在每週所可能發生的各種情況提供詳細說明，希望在孕媽咪面對孕期的種種不適而心力交瘁的時候，這本衛教書籍可以提供最即時正確的解答。

　　此外，關於待產和生產的細節，我也在書中詳述。希望透過仔細的解說，可以幫助毫無頭緒的孕媽咪們釐清思緒，冷靜沉著地面對生產這件大事。最後，在生產派對落幕以後，不管產婦是預計在產後護理之家或是居家坐月子，希望產後生活的介紹也能幫助大家更懂得如何好好照顧自己，度過專屬於妳的月子時光。

　　這本作品的完成，最要感謝的就是老婆大人林欣穎醫師跟我們家的三個小女孩：Olivia，Emma，跟 Emily。謝謝她們的愛，讓我總是充滿能量地好好照顧每位有緣相遇的孕媽咪。另外，感謝過去在高雄長庚紀念醫院、新思惟國際，和馨蕙馨醫院每位用心指導我的師長，也非常感謝新手父母出版社的總編輯林小鈴、主編陳雯琪及每位同仁的大力相助，才有這本書的順利出版。

　　最後，要感謝每位信賴我的孕媽咪。陪伴各位迎接期盼已久的新生命是我的榮幸，我也會繼續努力，希望能帶給大家更多的幸福。

Part 1

媽媽寶寶的
40 週旅程

寶寶的第 1 週

　　婦產科醫師通常是以最後一次月經來潮的第一天，作為孕期的開始。如果月經週期不太穩定，就必須先以超音波檢查評估胚胎的發育及大小後，才能訂出準確的預產期。

　　據統計，約有九成孕婦會在預產期前生產。如果預產期預測失準，寶寶突然駕到可能會讓父母措手不及。因此孕媽咪除了要提供最後一次月經來潮的日期外，平日經期是否準確也是很重要的參考資訊。

　　這一週，子宮剛從最後一次月經來潮後漸漸復原，也正準備重新鋪上軟綿綿的子宮內膜，好讓寶寶能舒舒服服地落腳、安安穩穩地住上好一陣子。

　　如果這次月經來潮的經血量比以往多，或是時間拖得特別久，準媽咪也要注意身體是否有異狀，必要時可向醫師諮詢或安排檢查，才能做好萬全的準備，以最佳狀態迎接新生命的到來。

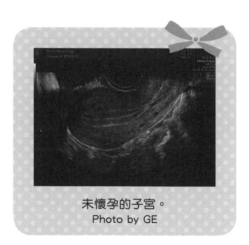

未懷孕的子宮。
Photo by GE

第 1 週

第 2 週

第 3 週

第 4 週

第 5 週

第 6 週

第 7 週

第 8 週

第 9 週

第 10 週

寶寶有多大?

和大多數準媽咪預期的不同,胚胎這時還尚未成形!事實上,恐怕連最關鍵的卵子都尚未排出,子宮還空空如也!

 ## 媽媽的第 1 週

有受孕計畫的準媽咪除了維持作息規律與均衡飲食外,還要注意葉酸的補充(每日 400 微克)!除了多食用綠色蔬菜外,若外食或是三餐不定時,不妨考慮使用葉酸補充品。雖然備孕前三個月就可以開始進行葉酸補充計畫,但若現在才開始也不算太晚。

此外,為了寶寶的健康,建議盡量戒除抽菸或喝酒的習慣,雖然有難度,但在母愛的驅動與專業醫療的協助下也不是天方夜譚。

罹患慢性病如心臟病、高血壓、糖尿病、甲狀腺功能異常、自體免疫疾病或是身心科疾患,平日有規律使用藥物的準媽媽,應盡快與妳的醫師討論目前的病況是否適合受孕,或有無調整或是停用藥物的必要性,以免對胚胎產生不良影響。

　　至於和另一半的親密關係也不必像例行公事一樣按表操課。傾聽內心的聲音，回應伴侶的溫柔，適時的親密接觸才能維持最佳的性生活品質，過度縱慾或是禁慾都不是有益受孕的方法！如果夫妻倆在沒有避孕的規律性生活（1週1次以上）下，嘗試一年（34歲以上為半年）以上都沒有好消息，建議可諮詢醫師，以評估是否有不孕症的可能。

受 孕 小 百 科

受孕率隨年紀增長逐漸下降？

　　隨著母體年齡增長，每次月經週期的受孕率將逐漸下降。一般30歲以前女性每個月自然受孕的成功機率大約為20～25％，30～40歲則下降為10％。如果年過40歲，要成功自然懷孕的機率恐怕就微乎其微了。

　　但是即便是未滿30歲的年輕夫妻，也可能需要嘗試3～4個月才會有好消息，所以不要給自己太大的壓力。一、兩次落空不必太放在心上，除非已經連續嘗試6個月或是1年以上都沒有成功，才需要諮詢專業醫師以評估是否有不孕症的可能。

第 **1** 週

第 **2** 週

第 **3** 週

第 **4** 週

第 **5** 週

第 **6** 週

第 **7** 週

第 **8** 週

第 **9** 週

第 **10** 週

 備孕小叮嚀

備孕時是否有需注意的事項呢？

　　除了婦產科醫師外，備孕期間也不妨諮詢其他專科醫師，好讓身心處於最佳狀態。

❶ **牙科醫師：**俗話常說：「生一個小孩，壞一顆牙。」事實上，母體的不良口腔狀態已被證實與早產、胎兒體重過輕、胎死腹中有關。有鑑於此，在懷孕期間，除了每半年健保給付一次的口腔照護外，間隔三個月以上可再多享有一次洗牙服務。有意備孕的準媽咪也可提前預約牙科檢查，以免相關不適讓孕期狀況變的更加複雜。

❷ **家庭醫學科醫師：**近年來德國麻疹、麻疹與 B 型肝炎在國際間捲土重來，好發的流行區域也包括中國、日本及東南亞諸國等地。建議備孕夫妻可以諮詢家庭醫學科醫師，是否有重新接種疫苗的必要性。

❸ **婦科中醫師：**許多國人偏好使用中藥調理身體，中西醫攜手合作治療疾病的案例也時有所聞。不過，傳統醫學博大精深，其精妙之處往往非西醫所能置喙，相同藥方對不同體質的患者效果也可能南轅北轍。如有需要，建議準媽咪可諮詢專業婦科中醫師，並告知婦產科醫師目前有使用中藥，切勿自行抓藥或迷信來路不明的草藥，以免得不償失。

寶寶的第 2 週

在經期結束，子宮內膜也鋪好軟綿綿的床墊後，為了避免產生多胞胎，通常每次月經週期只會在眾多卵泡中挑出一個主要卵泡。這時卵巢中的主要卵泡也已經漸漸長到 1.6 到 1.8 公分囉！當準媽咪的腦下垂體發現卵泡已經蓄勢待發時，就會開始分泌出「黃體成長激素」

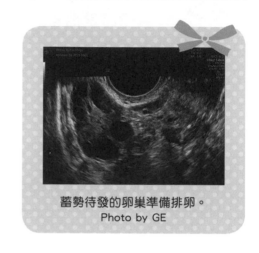

蓄勢待發的卵巢準備排卵。
Photo by GE

讓卵泡中的卵子更成熟；在黃體成長激素分泌高峰後的 18 小時左右，卵泡就會排出成熟的卵子。一般排卵試紙就是以測定黃體成長激素的濃度變化來判斷排卵時機，排卵的日子，通常會落在月經來潮開始的第 14 天左右。

然而，上述的流程只適用於月經週期為 28 天的準媽咪，如果週期偏短，排卵的時間會稍微提前，如果偏長則可能會相對延後；倘若週期不一定就可能無法準確評估，準媽咪可以利用上述的排卵試紙或是基礎體溫來輔助判斷，以掌握最佳的受孕時機。

 寶寶有多大？

當卵子即將排出時，輸卵管會接收到即將排卵的訊號，慢慢地彎向卵巢將喇叭端包住卵泡；等卵子一排出，就會被吸入輸卵管的管腔準備受精。

第 1 週

第 2 週

第 3 週

第 4 週

第 5 週

第 6 週

第 7 週

第 8 週

第 9 週

第 10 週

 ## 媽媽的第 2 週

隨著排卵的時刻逐漸逼近，準媽咪的身體也開始產生一些變化。受到排卵前體內荷爾蒙的影響，有些人會發現分泌物變得比平日來的多，且多為透明，類似蛋清的狀態。

除此之外，排卵前後微量陰道出血與輕微下腹痛也是時常發生的症狀；倘若搭配體溫上升與乳房腫脹的跡象，有意受孕的夫妻不妨把握這個良機，說不定就能得償所願。

如果沒有上述症狀也無須灰心，如果準媽咪平日的月經週期非常規律，一般可以在排卵日前後幾天同房，也有助受孕。若是月經週期不太規則，可能就需要諮詢專業醫師。不過，生命總會找到出路，有時候出乎意料的好消息也許會讓妳們有意外的驚喜喔！

受孕小百科

懷孕是否可以飲用含咖啡因飲品？

目前已知每日一杯（大約 350ml）的咖啡或茶類是安全無虞的；但是如果能夠盡量減少攝取量還是可以避免不必要的疑慮。例如以加入大量鮮奶的拿鐵取代同等容量的美式咖啡，就是一個不錯的替代方案喔！

命運的時刻終於到來！

寶寶的第 3 週

　　通過漫長旅程的精蟲大軍終於遇見了最佳女主角──「卵子」。在一陣爭先恐後之後，最幸運的那一隻精蟲總算脫穎而出；在與卵子結合以後，就形成「受精卵」。受精卵的外殼是一層堅硬的防護罩，可以避免後續有其他的精蟲擅闖。

　　排完卵的卵泡會因為黃體成長激素的影響形成黃體，並在接下來的 12 ～ 14 天持續地分泌黃體素。一方面讓輸卵管持續蠕動並打開內口，以便受精卵進入子宮腔，另一方面則讓子宮內膜持續增厚、改善血液循環，讓子宮內膜處於最適合受精卵著床的完美狀態。

　　倘若受精卵著床，黃體就會繼續成長並且持續分泌黃體素；如果不幸落空，那麼黃體會在排卵後一週左右開始慢慢退化，缺乏了黃體素的供應，子宮內膜就會無法繼續生長、開始剝落出血，形成「月經」。

　　當受精卵由輸卵管慢慢地向子宮移動的同時，也從原本的一個細胞，一分為二，二分為四地漸漸成長。一般在排卵後第 4 天左右，受精卵會抵達子宮腔，並在受精後第 6 到 7 天開始進行著床。

第
1
週

第
2
週

第
3
週

第
4
週

第
5
週

第
6
週

第
7
週

第
8
週

第
9
週

第
10
週

 ## 媽媽的第 3 週

　　在受精卵形成的同時，母體幾乎是完全沒有感覺的。有時候，一些微量的腹痛或是陰道出血可能會在性行為過後發生，如果稍事休息後即可獲得改善，那麼這些症狀都是正常且安全無虞的；萬一不適持續或加劇，就需要趕緊到婦產科門診進行檢查，以防黃體破裂合併大量內出血的可能。

　　黃體是一個脆弱而且充滿豐富血流的構造。為了製造豐富的黃體素以協助受精卵著床與胚胎發育，越接近下次月經來潮的時間，黃體就會變得越飽滿腫脹。這時，萬一腹部遭受巨大的外力撞擊，如激烈性行為、動感舞蹈甚至是搖呼拉圈等體能活動，都有可能造成黃體破裂引發內出血。

　　雖然絕大多數的黃體出血可以自行止血，但是當出血狀況猛烈，血液蓄積在腹腔及骨盆腔，就會造成患者劇烈的下腹疼痛，倘若未及時治療，出血量持續增加，可能會造成患者出現喘不過氣或是噁心頭暈的低血壓症狀，嚴重者甚至會引發缺血性休克，必須緊急開刀及輸血治療以免造成生命危險。

 醫師小叮嚀

就醫注意事項

倘若是計畫性懷孕，為了避免不必要的擔憂，從排卵期過後就要做好可能懷孕的心理準備。因為在懷孕第 3 或 4 週時，一般的驗孕試紙尚無法檢驗是否受孕，這時如果因為身體不適就診時，不妨提醒臨床醫師自己正在備孕，需特別當心可能會對胚胎有害的檢查、治療或是藥物。

另外，季節性（如流行性感冒）或是疾病防治（如人類乳突病毒）的疫苗接種也要注意施打時機，可以的話，盡量安排在月經剛結束時接種，比較不會有安全疑慮。

萬一在確認懷孕後，發現自己可能在孕期接受了上述的醫療處置，也不需過度驚慌。除了少數的特定藥物或檢查可能有害，多半安全無虞。只要將接受醫療處置的正確時間以及詳細內容提供給婦產科醫師，便可安排適當的追蹤及檢查，以防不良結果的發生。

第 1 週

第 2 週

第 3 週

第 4 週

第 5 週

第 6 週

第 7 週

第 8 週

第 9 週

第 10 週

受孕小百科

懷孕可以吃含酒精的食物嗎？

　　酒精的攝取無論在孕期或是產後都有其風險，即便經過長時間的燉煮烹調，菜餚內仍可能有微量的酒精殘留。

　　研究發現，如果在懷孕期間喝酒，即使只是小酌幾口，和滴酒不沾的母親相較，還是會對嬰兒的五官產生細微影響，如人中變平、上唇變薄、眼瞼裂隙變小、鼻子可能較短或鼻尖上翹。因此，為了胎兒健康，盡量避免酒精攝取是孕媽咪最佳的選擇。

　　外食時也要小心，倘若佳餚入口才察覺有藥材或是米酒風味，也無須過度擔憂，僅僅只是少量攝取，對母胎的傷害微乎其微。

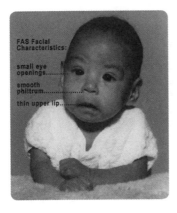

◀ 胎兒酒精症候群：人中變平、
　上唇變薄、眼瞼裂隙變小。
Photo by Wikipedia

寶寶的第 4 週

　　預計在這一週內受精卵會完成著床，開始進行接下來的發育。一般來說，著床時母體不會有特別的感覺，僅有少部分的人會覺得小腹有刺痛感或是比較疲倦或嗜睡；有些則會有「著床性出血」，通常出血量極少，大多會在 1 ～ 2 天內結束，出血的時間點則大約落在月經即將來潮的前幾天。

　　如果有上述情況發生，就要注意是不是有好消息了！要是月經真的遲到了，記得要驗孕確認有沒有懷孕。驗孕試紙（或驗孕棒）是最簡易的居家檢驗方式，除了因為試紙方便取得，測定方式也容易執行，如果驗孕結果顯示「一深一淺」兩條線，不妨過幾天再驗一次。

完成著床的囊胚，會分裂為「內細胞團」和「滋養層」兩部分。

- 內細胞團：會漸漸發育為胚胎各部分，「內胚層」成為寶寶的消化和呼吸系統；「中胚層」變成寶寶的心臟、腎臟，和肌肉骨骼系統；至於「外胚層」會演變成寶寶的神經和皮膚系統。

- 滋養層：會慢慢深入子宮內膜分化為日後負責供給養分的胎盤。如果紮根不夠深入未來可能造成「子癲前症」的問題；但如果侵入太深也可能變成「植入性胎盤」。

一切順利的情況下，從此以後胚胎正式在妳的身體裡住下，開始了接下來長達九個月（也可以說是一輩子）的奇幻旅程囉！

第
1
週

第
2
週

第
3
週

第
4
週

第
5
週

第
6
週

第
7
週

第
8
週

第
9
週

第
10
週

 ## 媽媽的第 4 週

月經遲到的原因有很多，有時候是因為日夜作息改變，或是受到環境壓力影響，或者也可能是因為內分泌疾病或是藥物使用的干擾，例如甲狀腺功能異常或是多囊性卵巢症候群。

只要是有規律性生活的育齡女性，不管妳和另一半再怎麼小心避孕，一旦月經沒來，都得面對「可能已經懷孕了！」的事實。孕吐是最早發生的症狀，其他像是疲倦，頭暈，腹脹及腹痛也都是孕期常見的症狀。

讓許多準媽咪疑惑的是，確認懷孕後為什麼得盡快到婦產科檢查呢？因為胚胎著床位置、週數或是個數都要依靠超音波檢查才能確定；要是胚胎不小心著床在不正確的位置，也就是一般常聽到的「子宮外孕」，早期診斷說不定還來得及用藥物治療；不然就得趕緊安排手術以免危及生命安全。

▲ 寶寶真的來了嗎？

受 孕 小 百 科

如何計算懷孕週數？

懷孕週數，指的是與上次月經第一天的相隔時間。而預產期的預測，也多半是以上次月經第一天的日期加以推算。不過，前提是妳的月經週期必須是標準的 28 天，否則婦產科醫師就會以超音波的測量結果，進行預產期預測和評估週數，才不會因為誤差太大影響後續的評估。

此外，預產期的訂定是評估胎兒發育的重要指標。將腹中胎兒與相同懷孕週數的胎兒進行各項指標的比較，可以協助醫師判斷胎兒的發育是否落在正常範圍內，以確認胎兒發育有無落後或超前。

至於真正的生產時間，大多落在預產期前二週內，所以新手爸媽千萬別打算到了預產期再「臨時抱佛腳」準備相關用品，不然可能會措手不及喔！

前期 **第 5 週** **親愛的寶寶，原來你在這兒！**

 ## 寶寶的第 5 週

　　如果預定要來的月經遲到了，那該是妳驗孕的時候囉！雖然受精卵著床成功時，母體可能伴隨有腹痛、出血、嗜睡等症狀，但是只要有規律的性生活，不管有沒有避孕，月經沒來時都應該用驗孕試紙確認一下是否懷孕。如果驗孕試紙（或驗孕棒）出現了清晰的兩條線，就可以預約婦產科的門診確認胚胎的位置與心跳囉！

　　懷孕早期，隨著子宮傾斜角度的不同，膀胱脹滿與否以及孕婦身形的差異，有時腹部超音波可能無法清楚顯示胚胎的情形，建議孕媽咪看診前先別急著上廁所，好讓脹滿的膀胱排除腸氣的干擾，以獲得較佳的影像品質。如果還是看不清楚該怎麼辦？這時候，經陰道超音波檢查就是另一種選擇。經陰道超音波檢查是利用形狀較為細長的探頭置入陰道進行檢查，以得到更清晰的影像進行評估，雖然檢查過程可能有些不適，但是對母胎是安全無虞的。

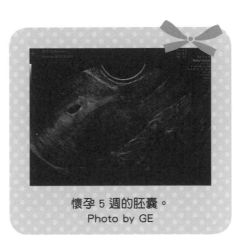

懷孕 5 週的胚囊。
Photo by GE

這時胚胎還只是一個不起眼的小不點。妳可能會在超音波螢幕上看到一個（如果運氣很好的話，可能是兩個）清晰可見的黑色泡泡，真正的胚胎是位在這個黑色泡泡中一個若隱若現的小白點，外型有點像小蝌蚪。

懷孕五週的胚囊，一般大小大概是 0.6 ～ 1.2 公分，隨後大約以每天 0.1 公分的速度成長。如果遲遲沒看到胚囊的蹤影，就要小心「萎縮性胚胎」或「子宮外孕」的可能！

受 孕 小 百 科

早期確認懷孕的方法有哪些？

　　一般包含超音波、驗尿及抽血檢查都可以用來確認懷孕狀態。起初準媽咪都會以驗孕試紙或是驗孕棒來確認是否懷孕，只要尿液中的乙型人類絨毛膜性腺激素（Beta-hCG）大於 25 ～ 30Miu/mL，就會呈現陽性結果。

　　隨著胚胎一天天地長大，乙型人類絨毛膜性腺激素也會逐漸上升；當乙型人類絨毛膜性腺激素高達 1500 ～ 2500mIU/mL 時，胚胎的大小大多已發育至經腹部或經陰道超音波檢查可見的範圍。

　　當推定的懷孕週數已達 5 ～ 6 週，但超音波檢查仍然無法確認胚囊有無著床在子宮內時，就要小心「子宮外孕」的可能。

媽媽的第 5 週

新生命要落腳時，總要先在子宮裡找個舒服的好位置。「黑色小泡泡」正確的學名叫做「胚囊」，也就是小寶寶未來要入住的「豪宅」，它有時可能會因為超音波測量的角度或子宮腔的形狀不同而外觀有所差異，但只要形狀飽滿，周圍也沒看到出血就可以放心。

至於妳期待已久的嬌客——「胚胎」，何時才會登場呢？別心急，通常再過 1 ～ 2 週就能看見這可愛的小傢伙了；在等待的時間中，只要生活作息規律、睡眠充足、飲食均衡，並按時補充葉酸就沒什麼好擔心的。不過，要是有持續的下腹疼痛或是大量的陰道出血，就要趕快回診檢查。請相信，健康的胚胎，一定會「甲妳攬牢牢」。

▲ 妳期待的嬌客，出現囉！

前期 第6週 我該不會流產了吧？

 寶寶的第6週

　　這時候的胚胎，大概就像一顆豌豆一樣大。一閃一閃的心跳也越來越清晰，速度多半在每分鐘110下以上並跟著懷孕週數而逐漸加快。內臟器官如肺、腎、肝臟也在此時逐步成形中；同時，胚胎也從原本的長條形慢慢地分化出頭尾端的分別。這個週數的胚胎，開始發育他的眼睛、鼻孔跟四肢，有時會在超音波檢查下在身軀的周圍看到剛萌芽的四肢，孕媽咪可別太興奮囉！

　　不過，每位孕媽咪的身體條件不同，膀胱脹滿的程度也不一，同樣的腹部超音波檢查可以觀察到的細節也不全然相同。有時候，為了可以看得更清楚一些，醫師會建議使用陰道超音波來確認胚胎的心跳與發育，這時請配合醫師的指示，身體儘量放鬆不用力，檢查過程其實不像想像中那麼不舒服。

　　另外，檢查的結果，難免有些許誤差，但只要小寶寶有一點一滴地慢慢長大，就以愉快的心情，迎接每一次的產檢帶來的驚喜。

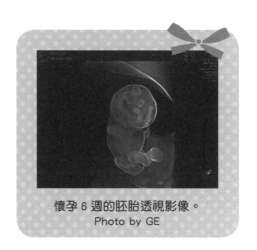

懷孕6週的胚胎透視影像。
Photo by GE

第 1 週

第 2 週

第 3 週

第 4 週

第 5 週

第 6 週

第 7 週

第 8 週

第 9 週

第 10 週

寶寶有多大?

這時的胚囊大約是 1.4 ～ 2.5 公分。，若一切順利我們將在這週看到讓妳怦然心動的閃光，那就是寶寶的「心跳」，至於胚胎大小可能在 0.4 ～ 0.7 公分。

 ## 媽媽的第 6 週

懷孕早期出血是孕媽咪揮之不去的夢魘。據統計，近半數的孕婦在早期曾發生嚴重程度不一的陰道出血，大多數在休息或使用黃體素後就會獲得改善，只要胚胎的發育有按照進度成長且心跳穩定，陰道出血多半無礙。但如果腹痛跟出血情況持續甚至加劇，就要趕緊就診評估是否有疑似流產的徵兆。

胚胎的產生，成功率並非百分之百，隨著母體的年齡大小不同，每次懷孕約有 15 ～ 40％的流產可能，但與母體是否充足休息、飲食均衡，該做的沒做或是不該做的做一堆，「都沒關係！！！」只要放鬆心情，多給寶寶一點時間讓他放心住下，好好準備與妳一起開始這段奇幻旅程。

受 孕 小 百 科

懷孕早期出血需就醫嗎？

懷孕早期出血可能是母體黃體素不足所造成。懷孕期間體內需要足夠的黃體素以穩定子宮內膜與減少子宮收縮。雖然胎盤所製造的黃體素大多足夠使用，但在懷孕早期胎盤仍未發育完成，因此就要靠卵巢分泌黃體素來補足這時身體所需。

如果孕媽咪只是微量的陰道出血，腹部也無明顯的疼痛，其實不需過度驚慌，休息片刻以後，若症狀無明顯惡化，只需按照原定計畫回診追蹤即可；但若是症狀持續，就應迅速就醫確認胚胎情況。

前期

第7週

看那閃亮的小白點！

寶寶的第 7 週

　　胚胎的臉部輪廓從這一週開始，漸漸變得鮮明起來。從放大的超音波照片中，我們可以看到胚胎大大的眼睛、飽滿的天庭和尖尖的下巴，四肢發育也比上週又更清楚一些。我們有時可以看到從寶寶身體隱隱約約延伸出一條細細的線，這就是維繫寶寶生命的「臍帶」，它將用來替寶寶供給養分與氧氣，並帶走寶寶身上的廢物，是寶寶最重要的生命線。

　　肺臟開始進行氣管和支氣管的發育，不過正式啟用的時間是在寶寶出生以後；而腎臟也即將開始運轉，所製造出的尿液就是未來用以保護寶寶免受外界撞擊和幫助器官發育的「羊水」。

　　不管是以最後一次的月經日期，或是以超音波檢查所直接測量的胚胎大小來看，我們都希望在這一週盡量要看到胚胎跟心跳。如果遲遲不見胚胎的出現或是看不到任何閃爍的心跳，會讓人擔心胚胎的發育是不是太慢了一點，甚至會懷疑胚胎是否有些異常。這時醫師可能會花多一點的時間來仔細看看，請務必耐心配合喔！

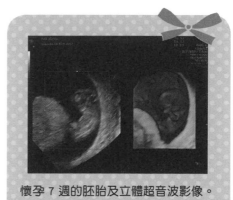

懷孕 7 週的胚胎及立體超音波影像。
Photo by GE

懷孕 7 週的胚胎長度（頭臀徑），大約為 0.5 到 1.5 公分，外形就像一個漂浮在黑色泡泡裡的小蝌蚪；至於胚胎的心跳速率則在每分鐘 120 到 180 次，乍聽之下，許多新手爸媽會覺得小寶寶的心跳好像火車聲，總忍不住想要多聽幾次。但是，為了保護脆弱的胚胎，心跳速度的測量一般只是為了確認胚胎情況是否健康，不建議長時間或是反覆的監聽喔！

 ## 媽媽的第 7 週

　　預定產檢的日子總算來臨，看螢幕上閃耀的小白點確立胚胎著床的位置後，雖然可以排除子宮外孕的可能性，但還是無法百分之百確定胚胎是否健康，因此，要等到胚胎成形以及心跳穩定後，才會發放媽媽手冊並進行第一次產檢。在等待胚胎發育心跳的這一段時間，只要作息規律、飲食均衡，並注意有無劇烈腹痛或大量陰道出血的危險症狀，仍可按照一般生活作息起居。

　　要是在既定的產檢時間，超音波檢查仍然看不到胚胎或是心跳不明顯，也別太擔心，由於月經週期因人而異，只要胚胎仍在發育，也無任何危險症狀，建議再觀察 1 ～ 2 週以防萬一。

受 孕 小 百 科

第一次產前檢查包含哪些項目？

　　產前檢查的安排，視醫師專業判斷、醫療院所設備資源及孕產婦個人狀況而有所不同。舉例來說，有些醫師習慣每次產檢都做超音波檢查，有些醫師則以問診為主，視情況再決定安排超音波檢查與否。如有疑問，仍需與妳的婦產科醫師詳加討論，以安排最適合妳的產檢方式。

❀ 第一次產前檢查的項目包含：

❶ **問診**：家庭疾病史、過去疾病史、過去孕產史、本胎不適症狀、成癮習慣詢問。

❷ **身體檢查**：體重、身高、血壓、及其他檢查。

❸ **實驗室檢驗**：血液常規（ WBC、RBC、PLT、HCT、HB、MCV ）、血型、RH 因子、VDRL、Rubella IgG、HBsAG、HBeAG 及尿液常規。

❹ **血糖檢查**（ 如有必要 ）。

❀ 建議產檢的頻率：

♥ **懷孕滿 7 個月（ 28 週）以前**　約每個月 1 次。

♥ **懷孕第 8 及 9 個月（ 28 ～ 36 週）**　每 2 週 1 次。

♥ **懷孕第 10 個月（ 36 週）以後**　每一週 1 次，直到生產。

受 孕 小 百 科

❀ **孕期就診的種類：**

❶ **健保補助產檢給付：**

自 2021 年 7 月起，全民健康保險產檢補助次數從 10 次增加為 14 次，分別為妊娠第 8、24、30、37 週；依照妊娠時序依序為：懷孕第一期（懷孕未滿 17 週）給付 3 次、懷孕第二期（懷孕 17 週至未滿 29 週）給付 3 次、懷孕第三期（懷孕 29 週以上）給付 8 次，共計 14 次。

此外，新制產檢也額外給付 2 次一般超音波（分別在第 8 ～ 12 週、第 32 ～ 36 週），用以預估妊娠週數及監測胎兒異常。同時也了增加妊娠糖尿病篩檢及貧血檢驗（第 24 ～ 28 週），以便適時提供醫療介入及飲食衛教，來降低母嬰相關的併發症風險。

❷ **自行產檢：**

依醫師專業判斷與孕婦情況（如多胞胎、懷孕高血壓、懷孕糖尿病、孕前慢性疾病等高危險妊娠孕婦）預約安排。

❸ **孕期看診**

因孕婦不適症狀等問題就診，不受前次看診或產檢時間間隔限制，視孕婦情況隨時安排。

前期 第8週 吃這也吐，吃那也吐，寶寶營養夠嗎？

寶寶的第8週

　　胚胎每天的身長大約以 0.1 公分的速度生長，所以看起來又大了一些。四肢的發育開始進入手指與腳趾的分化，出現有點類似蹼狀的手掌或腳掌外型。心跳速率也比之前快上許多，大約每分鐘 140 到 180 下；至於原本有點像小蝌蚪的尾端，也從本週開始將逐漸退化，取而代之的是越來越清晰的下肢構造。

　　透過超音波檢查甚至可以看到胚胎正在扭動他的身軀或是擺動他的手腳，讓準爸媽們驚呼連連。另外，在胚胎的身旁，我們常常可以觀察到一個白色小泡泡，它的學名叫做「卵黃囊」，內含胚胎早期發育所需的養分，一般懷孕滿 3 個月左右才會消失。所以在懷孕初期，害喜孕吐嚴重，甚至體重減輕的媽咪也別擔心，胚胎早就自己準備好了一個便當，請妳好好照顧自己，放心休息。

　　這一週結束後，懷孕週數就要堂堂邁入第 3 個月了。相較於前兩個月，寶寶的狀況已經穩定許多了，產檢結束後，不妨和另一半小小地慶祝一下。接下來只要定期產檢、規律作息、均衡飲食，胚胎就會健康長大。要是有劇烈疼痛或是大量陰道出血，別忘了要回診看看，比較放心喔！

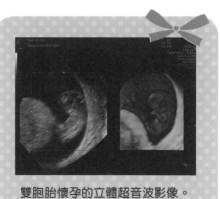

雙胞胎懷孕的立體超音波影像。
Photo by GE

一轉眼，胚胎已經 2 個月大了，他現在只是一個 2 到 3 公分的小不點，在超音波檢查下，我們有時可以看到胚胎時不時地扭動身軀，很快妳就可以感受到他的拳打腳踢了。

不過，因為胚胎這時候的長度也才 2 公分左右，所以螢幕裡的小寶貝雖然活蹦亂跳但肚子卻完全感受不到胎動。胚胎的數目也會在此時再三確認有無多胞胎的現象，說不定會有出乎意料的驚喜發生喔！

媽媽的第 8 週

孕期害喜，是懷孕初期最常見的不適症狀。據統計，約有八成孕婦困擾於程度不一的孕吐現象。害喜的症狀最早在月經預定時機前的 3 到 5 天就可能會發生，持續地噁心、嘔吐以及脹氣常常讓不知情的孕媽咪到腸胃科報到。

吃這也吐，吃那也吐，建議可先從調整飲食習慣來改善。首先，儘量改為少量多餐，因為吃得太飽或是肚子太餓，都會誘發孕吐的症狀。另外，用餐時先享用固體食物，休息片刻後再少量飲用湯品或飲料，也有助於改善孕吐的不適。最後，雖然蛋白質是胚胎發育的重要養分，但也因為不易消化，容易加重腸胃的負擔，所以懷孕早期應斟酌食用奶蛋豆肉類等高蛋白質食材。

　　如果以上方式仍然無法舒緩，婦產科醫師多會開立適合孕婦使用的止吐藥物以改善症狀。僅有極少數的孕婦，因為個人體質或是罹患特定疾病，造成所謂的「懷孕劇吐症」，這時，醫師會視情況以靜脈注射補充水分及藥物，並建議留院觀察或住院治療，以策安全。

 備孕小叮嚀

懷孕初期的不適有哪些？

　　除了害喜以外，疲倦與嗜睡也是初期常見的症狀。如果發現無論再怎樣補充提神飲品或是抽空打個小盹，都還是提不起勁，而且以往準時拜訪的好朋友也遲到了，請趕緊驗孕看看，說不定會有意想不到的結果。

　　此外，體溫上升也是受孕後的常見不適。這可能是因為受孕後，體內快速上升的黃體素在作怪，千萬別亂服用退燒藥試圖改善症狀。

　　由於體內荷爾蒙產生劇烈的變化，也影響新陳代謝速度，再加上得知懷孕的心理衝擊，常常讓孕媽咪不知所措，經常出現心情低落、無助與不安等情緒反應。這時也別刻意將負面情緒隱藏，強顏歡笑，不妨敞開心胸，跟親朋好友或是婦產科醫師好好談談，一起度過這段適應期吧！

產檢報告滿江紅！怎麼辦？

 寶寶的第 9 週

很快地，寶寶的發育來到了第三個月，雖然超音波還看不清楚，不過小小胚胎身上的肌肉已經開始慢慢成形了。不同於前一週還只會磨磨蹭蹭的小手小腳，這次的超音波檢查，妳可能會欣賞到幾次胚胎的奮力一跳，讓妳想為他的精采演出拍手叫好。

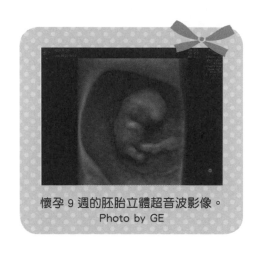
懷孕 9 週的胚胎立體超音波影像。
Photo by GE

這一週的產檢內容，除了確認第一次產檢的抽血以及驗尿報告，針對可疑處決定是否要進一步檢查或治療外；也要思考唐氏症篩檢或子癲前症風險評估等自費產檢項如何選擇，產檢時不妨多留一點時間跟醫師好好談談，擬定專屬的篩檢計畫，並預約適當的時間執行所需的各項檢查。

 寶寶有多大？

「胚胎雖小，五臟俱全」各大器官如腦部、心臟、肺及腎等，也都已經初步發育完成，就深藏在這 2 公分多的小小身軀中。透過速度高達每分鐘 170 到 180 下的心跳，傳達了他的充沛活力，希望也能為妳加加油、打打氣。

第
1
週

第
2
週

第
3
週

第
4
週

第
5
週

第
6
週

第
7
週

第
8
週

第
9
週

第
10
週

 ## 媽媽的第 9 週

第二次產前檢查，除了要確認胚胎發育是否正常以外，也要順便看一下上次產檢的抽血及驗尿報告。看著電腦螢幕上幾個顯目的紅字，醫師還沒開口解釋，孕媽咪就不禁擔心起是不是有什麼嚴重的問題？

第一次的例行產檢項目包含尿液及血液的常規檢驗，還有血型、B 型肝炎、梅毒、愛滋病以及德國麻疹抗體等檢查項目。其中，最常出現異常結果的數值就是血紅素（Hemoglobin）和平均紅血球體積（MCV）；此外，B 型肝炎及德國麻疹抗體也容易出現異常結果。

● 血紅素（Hemoglobin）：

如果檢驗結果在 12 gm/dl 以下就是「貧血」，建議要多補充含鐵豐富的食物（如紅肉、紅莧菜等，同時搭配維生素 C 食物一起食用）或綜合維他命。

● 至於平均紅血球體積（MCV）：

檢驗數值 < 80 fl，就有可能是海洋性貧血的體質，需請另一半一併抽血檢查。若檢測結果正常，腹中胎兒最多是隱性海洋性貧血的體質，只要均衡飲食並定期追蹤血紅素變化，多半不影響日常生活。

倘若先生的檢測數值一樣 < 80 fl，則需進一步確認夫妻是否同為海洋性貧血，並視情況決定是否要對胎兒進行進一步檢查，以排除重度海洋性貧血的可能。

● B 型肝炎帶原及德國麻疹抗體：

孕媽咪若確診有 B 型肝炎帶原，建議與醫師討論因應措施，例如是否需要安排後續腸胃科追蹤及預防性使用抗病毒藥物，或是新生兒出生後 24 小時內需要立即接種 B 型肝炎免疫球蛋白以避免母胎垂直感染。至於孕婦若發現缺乏德國麻疹抗體，除了要避免前往傳出德國麻疹疫情的國家外，也應在分娩後盡速接種疫苗建立完整的抵抗力。

受 孕 小 百 科

如果孕媽咪為 B 肝帶原者會影響寶寶嗎？

依據我國研究，母親表面抗原及核心抗原皆為陽性時，新生兒於出生時按時注射一劑 B 型肝炎免疫球蛋白及三劑 B 型肝炎疫苗注射，其保護效益仍只有 9 成。故建議幼兒於出生約 1 歲左右進行 B 型肝炎表面抗原及抗體的檢測，以利及早發現幼兒帶原狀況及瞭解疫苗接種成效。

目前研究已知，受感染者年齡愈小，愈容易成為慢性帶原者。如新生兒感染約 90% 會成為慢性帶原者，5 歲以下幼兒感染，約 25 ～ 50% 會成為慢性帶原者；若成人感染則成為慢性帶原者之危險性僅在 5% 以下。因此，透過孕產期的細心照顧並監測病毒數量，在適當的時機給予抗病毒藥物是目前能否再度降低 B 型肝炎垂直傳染率的重要關鍵。

第 1 週

第 2 週

第 3 週

第 4 週

第 5 週

第 6 週

第 7 週

第 8 週

第 9 週

第 10 週

8 ～ 24 週自費產檢內容

8 ～ 14 週
- 脊髓性肌肉萎縮症篩檢（SMA）
- X 染色體脆折症篩檢（FXs）
- 葉酸代謝基因檢測（MTHFR）
- 隱性遺傳疾病帶因篩檢
- 新陳代謝篩檢
  （血糖及甲狀腺功能）
- 維他命 D 檢測
- 先天性感染檢測（TORCH）
- B 型肝炎抗體檢測

11 ～ 13 +6 週
- 第一孕期唐氏症篩檢
  （超音波＋母血指標）
- 非侵入性胎兒染色體檢測（NIPT）
- 子癲（癇）前症風險評估
- 絨毛膜取樣（CVS）

15 ～ 20 週
- 第二孕期唐氏症篩檢
  （超音波＋母血指標）

16 週以上
- 羊膜穿刺
- 羊水晶片

20 ～ 24 週
- 高層次胎兒結構超音波檢查

第10週 自費檢查項目需要做嗎？

 寶寶的第 10 週

寶寶正式由「胚胎」階段畢業，進入「胎兒」時期。從這一刻起，發育會加速前進了。透過超音波的檢查，我們可以觀察到胎兒的身上，出現了許多白色的線條，因為從本週起，軟骨細胞將漸漸地被骨細胞所取代，進而形成構成寶寶骨架的根本——骨骼，尤其又以頭顱骨與四肢骨骼的影像最為明顯。除此之外，四肢的活動也不像以往只有「隨波逐流」的微幅飄動，手肘與膝蓋關節的彎曲是這一週的重要里程碑。

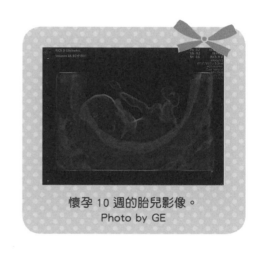

懷孕 10 週的胎兒影像。
Photo by GE

另外，內臟器官的發育也在這個時候開始突飛猛進。因為吞嚥羊水與分泌胃液的關係，我們可以在胎兒身軀的中央看到一個黑色小泡，這就是「胃」。胃除了可用以當作未來執行超音波檢查時的相對位置參考之外，也有助評估胎兒的吞嚥功能是否正常。

雖然這時的胃才小小的，但是也不用擔心胎兒吃不飽，從卵黃囊與後續經由臍帶所供應的養分會讓胎兒持續成長；而由胎兒腎臟所製造的尿液也逐日增加，再過不久胎兒尿液將成為羊水的主要來源。

第 1 週

第 2 週

第 3 週

第 4 週

第 5 週

第 6 週

第 7 週

第 8 週

第 9 週

第 10 週

寶寶有多大？

利用頭臀徑的測量，可以幫助我們確認胚胎的發育是否有異常。一般 10 週大的胚胎頭臀徑約為 3～4 公分，倘若頭臀徑明顯小於預期，就要小心是否有神經管缺損，例如無腦畸形等等異常。

 ## 媽媽的第 10 週

懷孕初期的自費檢查包含了遺傳性疾病（脊髓性肌肉萎縮症，X 染色體脆折症，葉酸代謝基因檢查），胎兒染色體及基因檢查，以及懷孕併發症篩檢（子癲前症風險評估）等檢查。費用大約多少呢？

孕期自費檢查	
檢查項目	檢測費用 （依照各醫療院所收費標準略有差異）
脊髓性肌肉萎縮症	2000 ～ 3000 元
X染色體脆折症	4000 ～ 5000 元
葉酸代謝異常基因檢測	2000 ～ 3000 元
B型肝炎抗體檢測	200 ～ 500 元
TORCH檢測 T：Toxoplasmosis 弓漿蟲 O：Others 其他 R：Rubella virus 德國麻疹病毒 C：Cytomegalovirus 巨細胞病毒 H：Herpes simplex virus 單純疱疹病毒	3000 ～ 4000 元
子癲前症風險評估	2000 ～ 3000 元
第一孕期唐氏症篩檢	2000 ～ 3000 元 （台北市政府另有補助）
第二孕期唐氏症篩檢	2000 ～ 3000 元 （台北市政府另有補助）
非侵入性胎兒染色體分析	14000 ～ 35000 元
羊膜穿刺	5000 ～ 12000 元 （符合診斷要件，國民健康署另有補助）
羊水晶片	18000 ～ 30000 元
高層次超音波檢查	3000 ～ 4500 元

第 1 週
第 2 週
第 3 週
第 4 週
第 5 週
第 6 週
第 7 週
第 8 週
第 9 週
第 10 週

　　由於遺傳性疾病可能透過母體功能的影響或是雙親的致病基因造成下一代的重度異常，建議準爸媽可以依照家族病史或是自己的過去病史選擇適當的檢查。值得注意的是，脊髓性肌肉萎縮症、X 染色體脆折症、葉酸代謝異常基因檢測這一類的遺傳性疾病檢查一生只需檢驗一次即可。

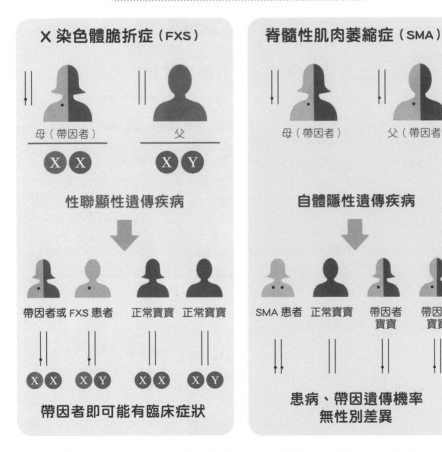

常見遺傳性疾病的遺傳模式

X 染色體脆折症（FXS）

母（帶因者）　　　父

性聯顯性遺傳疾病

帶因者或 FXS 患者　正常寶寶　正常寶寶

帶因者即可能有臨床症狀

脊髓性肌肉萎縮症（SMA）

母（帶因者）　　　父（帶因者）

自體隱性遺傳疾病

SMA 患者　正常寶寶　帶因者寶寶　帶因者寶寶

患病、帶因遺傳機率無性別差異

▲ 常見的遺傳性疾病：X 染色體脆折症及脊髓性肌肉萎縮症的遺傳模式。

　　胎兒染色體及基因檢查則有唐氏症篩檢（第一孕期或第二孕期），侵入性檢測（絨毛膜取樣、羊膜穿刺、羊水晶片），以及最新的非侵入性胎兒染色體分析可供選擇。這些檢查各有利弊，醫師多會依照孕婦的個別情況予以建議，所以孕媽咪不須迷信網路社團的分享或是親朋好友的忠告，執著於哪一項檢查才是「最好」的檢查。

受 孕 小 百 科

唐氏症篩檢是什麼，高齡產婦才需要做嗎？

　　唐氏症是國人最常見的染色體異常疾病。造成唐氏症的主要原因是因為精子或卵子形成時，第21對染色體發生了不分離現象，使得受影響的精子或卵子多帶了一條第21號染色體，當它與正常的精子或卵子結合後，所形成的受精卵相較於正常的受精卵，多了一條第21號染色體，因此造成唐氏症。

　　由於染色體不分離的機率與年齡增長有關，所以才有高齡產婦比較容易懷有唐氏症寶寶的現象。以高齡產婦的界定標準34歲為例，唐氏症的發生率約為1／270，而未滿30歲的孕媽咪卻只有1／1100的發生率。值得注意的是，雖然年輕孕婦的唐氏症發生率較低，但是因為人數眾多，占全體孕婦的比例高，所以近八成懷有唐氏症的個案皆為年輕孕婦。因此，無論孕婦年齡，一般都建議施作唐氏症相關檢查，以防萬一。

如何測出染色體異常？

第一孕期
唐氏症篩檢

超音波＋母血指標

第二孕期
唐氏症篩檢

超音波＋母血指標

NIPT
非侵入性胎兒
染色體檢測

抽血檢測

羊膜穿刺

抽羊水檢測

▲ 檢驗染色體異常的各種方法。

　　根據近年來研究的成果，已經可以利用過去病史、超音波測量與血液檢測的結果預測孕婦未來罹患子癲前症的機率；甚至透過藥物的使用來避免或延後子癲前症的發病時機，也對於母胎的健康提供了更完整的保護。因此，懷孕併發症的篩檢也是懷孕早期自費檢查的重點項目，建議有需要的準爸媽不妨參考使用。

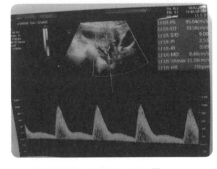

▲ 子宮動脈血流阻力的測量。
Photo by 曾翌捷醫師

 寶寶的第 11 週

如果拍攝的角度合適，我們可以透過超音波檢查看到胎兒臉部側面的完整剪影。從胎兒渾圓的頭顱骨，讓我們揮別了「無腦兒」的憂慮。一路沿著飽滿的額頭順勢往下，將會看到胎兒堅挺的鼻子和橫躺其下的鼻骨，清晰可見和長度適中的鼻骨，是撇開「唐氏症」煩惱的重要線索。緊接著是胎

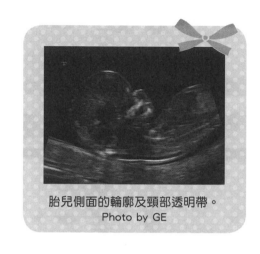

胎兒側面的輪廓及頸部透明帶。
Photo by GE

兒小巧可愛的上下唇與不張揚、也不內縮的精緻下巴，常常讓每位媽媽怔怔地望著螢幕，笑逐顏開。

另外，在胎兒頸部後方的「透明帶」，也是這幾週的超音波檢查重點。如果頸部透明帶的厚度太厚，可能要小心唐氏症與胎兒先天性心臟病的潛在風險，必要時，請與婦產科醫師討論，是否需要進行更精確的檢查。

第 11 週

第 12 週

第 13 週

第 14 週

第 15 週

第 16 週

第 17 週

第 18 週

第 19 週

第 20 週

寶寶有多大?

一轉眼,胎兒的頭臀徑已經來到了 4～5 公分,除了寶寶的輪廓以外,有時候超音波下還會看到小手小腳碰巧在寶寶身前擺動著。這時的手指和腳趾的構造都已經發育得清楚分明。

如果抓好時機,除了有機會可以確認手指與腳趾的結構是否健全之外,還可能捕捉到「剪刀」、「石頭」、「布」、或「給妳一個讚」等等的有趣手勢喔!

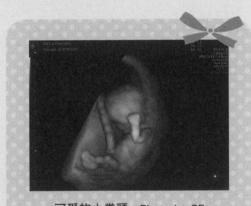

可愛的小拳頭。Photo by GE

媽媽的第 11 週

懷孕早期,孕媽咪可能會發生忽然心跳加速、有點喘不過氣,緊接著眼前一黑就不支倒地,這都是因為突然發作的「姿態性低血壓」。

由於初期的害喜常讓孕媽咪食慾不振,連帶地也讓每日水分攝取量減少,使得孕媽咪的血壓總在低檔徘徊。要是沒有適時地補充水分,就很有可能因為久站、久坐,或是姿勢的突然變換而誘發姿態性低血壓,發生頭暈目眩、四肢麻木以及呼吸困難的症狀。一旦沒有及時處理,就可能無預警地暈倒造成傷害,尤其是身材瘦小或是孕前就已經有低血壓的孕媽咪要特別當心。隨著週數增加後,變大的子宮會壓迫體內的靜脈,影響血液回流,也容易加重這類情況的發生。

當發生上述症狀時,請孕媽咪趕緊找個地方坐下或躺下並補充適量水分,休息一會兒後,症狀大多會自然緩解。如果發生頻率太頻繁或是症狀遲遲不見起色,就需就醫以確認是否有心臟疾病或其他問題。另外,避免久坐或久站,提醒自己每 40 到 60 分鐘就要起身稍微活動一下筋骨,並補充一些水分,也有助於預防這類不適的發生。

受 孕 小 百 科

孕期外食時是否會吃進過多環境荷爾蒙？

　　三餐在外的外食族孕媽咪，為了肚子裡寶寶的健康，應注意免洗餐具的使用，才不會傷害到心愛的寶寶喔！

　　免洗餐具中的塑化劑及保特瓶中所含的雙酚 A 其實就是一般被稱為「環境荷爾蒙」的物質。環境荷爾蒙又被稱為「內分泌干擾素」，可與人體內分泌系統的受體結合，讓身體誤以為這是自體分泌的荷爾蒙，而影響體中的生理機能，造成惡性腫瘤、不孕、青少女性早熟、肥胖及胎兒過輕等問題。

　　而外食族常使用的塑膠器皿也是環境荷爾蒙影響人體的方式之一，例如泡麵容器及寶特瓶中的雙酚 A、手搖飲料杯中的鄰苯二甲酸鹽。但是孕媽咪也不必過度擔心，一般環境荷爾蒙的半衰期多在 7 ～ 14 天左右，只要不是長期且持續接觸，大多能透過身體自然的代謝機制將其排除。不過，仍有一些日常生活的小訣竅能幫助遠離環境荷爾蒙的威脅：

❶ 多樣化的均衡飲食，以分散食物受汙染的風險。

❷ 減少食用動物的皮、內臟及脂肪。

❸ 適量飲水及規律運動，以加速體內毒物排除。

❹ 自行準備外食容器、餐具及杯具，減少使用免洗餐具。

❺ 注意家中使用的洗衣精及清潔劑成分，盡量不使用含非離子界面活性劑的產品。

 寶寶的第 12 週

本週的一大亮點，就是胎兒的內分泌系統開始運作囉！從腦下垂體起，種種的荷爾蒙開始為身體發育的運轉加油打氣，同時幫助調控胎兒的各項生理機能，以維持體內環境的穩定。

首先，甲狀腺的功能已經開始暖機了，準備讓胎兒的新陳代謝加速前進；胰臟也開始分泌胰島素，以幫助維持胎兒血糖濃度的穩定。此外，一根腸子通到底的消化系統也正學習該如何協調地蠕動，未來才得以順利運送食物。

胎兒骨骼中的骨髓也一步步地發揮它的造血機能，讓胎兒逐步建立起專屬於自己的免疫系統，避免來自外界致病原的傷害，為未來離開溫暖子宮後的獨立生活，累積出發的能量。

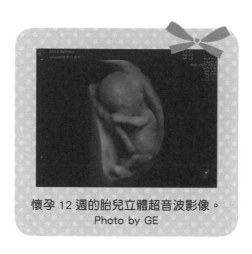

懷孕 12 週的胎兒立體超音波影像。
Photo by GE

寶寶有多大?

胎兒身長大約在 5 到 6 公分左右,還記得一個月前他也才 1 到 2 公分大吧!才一個月過去,他已經長大了將近三倍了。讓人不由得讚嘆,寶寶已經長得這麼大啦!而這趟旅行到此也已經完成了 1 ／ 3 了。從下週起,我們將進入到懷孕中期,讓我們一同準備,迎接孩子帶給我們的更多驚喜吧!

媽媽的第 12 週

隨著胎兒的成長,逐漸脹大的子宮對前方膀胱的壓迫也日益嚴重,讓懷孕初期的孕媽咪總免不了頻尿及夜尿之苦。雖然到了懷孕中期,因為子宮進入了腹腔,對膀胱的壓迫稍稍減緩,但是到了懷孕後期,胎兒頭部的壓迫又讓頻尿的症狀故態復萌,到底有哪些小技巧可以改善頻尿的症狀呢?

為了減少子宮對膀胱的壓迫,平日孕媽咪需要長期站立或散步時,可以在懷孕 16 週以後開始使用托腹帶來拉提腹部的沉重負擔。另外,不建議為了改善頻尿刻意減少飲用水量,以避免因為尿液濃稠或是憋尿造成泌尿道感染。建議不妨嘗試調整飲用水的時間,除了少量多次外,也盡量在晚餐以前補充完每日所需的水分,以避免因為夜間喝水而增加夜尿次數,影響睡眠品質。

　　然而，頻尿及夜尿可能也是嚴重疾病的前兆，若伴隨腹痛、解尿疼痛、血尿、發燒或是畏寒等症狀時，請務必盡速就醫，以便檢驗尿液確認是否有泌尿道感染之虞，並避免有惡化為腎臟發炎造成敗血症的可能，增加早產風險。一般治療泌尿道感染的抗生素及相關藥物對孕婦及胎兒大多安全無虞，請放心遵照醫囑按時服用。另外，私密處感染也可能會造成頻尿症狀。若孕媽咪伴隨有陰道分泌物增多的情形，也可告知醫師以開立相關藥物治療。

受 孕 小 百 科

孕期是否可食用海鮮？

　　只要經過適當的烹調，透過高溫殺菌，不管是生鮮或是冷凍海鮮類的食物仍然是孕期很好的蛋白質來源，每週宜均衡攝取至 7～9 份的魚類。食用海鮮不會過敏的孕媽咪，不妨考慮多加補充。

　　此外，若對重金屬的殘留仍有疑慮，不妨試試小型如巴掌大的魚類食用，重金屬含量要比大型魚類少的多。至於鮪魚、旗魚、鯊魚、油魚等大型魚類，建議 1 週食用 1 次即可。

第 11 週
第 12 週
第 13 週
第 14 週
第 15 週
第 16 週
第 17 週
第 18 週
第 19 週
第 20 週

中期 第13週 私密處搔癢不適該怎麼保養？

寶寶的第13週

寶寶在子宮裡會說話嗎？雖然受到羊水的阻隔，我們無法聽到寶寶的聲音，不過未來的重要發聲結構——聲帶，已經開始發育了。再過幾個月妳就能聽到寶寶悅耳的哭聲了！（剛出生應該很美妙，之後就……）

原本還漂浮在體外的腸子（聽起來很驚悚，不過這是正常現象）將回到胎兒的腹腔內安頓下來。在胎兒的體內，除了胃泡外還多了一個清楚可見的小泡泡——「膀胱」，從腎臟製造出的尿液會撐大膀胱，如果剛好目擊到正在尿尿的寶寶，同時還可以看到慢慢縮小的膀胱，是不是非常有趣呢？

這時胎盤的發育也大致完成，除了作為母胎間養分、氧氣、廢物的轉運站外，其分泌的黃體素也有助子宮肌肉的穩定，使得陰道出血少了許多。

胎盤著床的位置也是後續產檢的觀察重點之一，隨著子宮的逐漸脹大，胎盤的位置也會逐漸向子宮頂部移動。倘若一直到孕期30～32週胎盤的位置仍然覆蓋或是非常靠近子宮頸，就要小心前置胎盤的可能性喔！

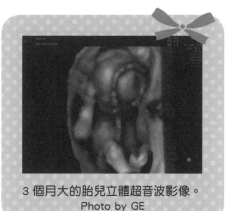

3 個月大的胎兒立體超音波影像。
Photo by GE

這時候的胚胎，頭臀徑大約在 7 公分左右。

 媽媽的第 13 週

隨著週數及天氣變化，有些孕媽咪會因為私密處搔癢不適而顯得坐立難安。

私密處一般是藉由陰道益生菌——乳酸桿菌來抵抗外來細菌的侵擾。懷孕後因為荷爾蒙改變會使私密處的分泌物增加而變得更加潮濕悶熱。此外，孕期失眠或其他不適，也容易影響睡眠品質造成抵抗力下降，導致陰道發炎。

如果孕期陰道分泌物的顏色透明，無味、如同蛋清般的質地則多半無礙；但若陰道分泌物的顏色呈現為白色、黃綠色或是深咖啡色、味道帶有刺鼻的魚腥味，或是分泌物質地類似豆腐渣，並且伴隨有其他下腹悶痛或是陰道出血等不適症狀就要當心了。

通常只需用清水適度沖洗患部，或利用溫水坐浴清除陰道內分泌物，不適症狀大多會立即緩解，過度清潔反而會造成反效果。另外，平日也可多食用無糖的優酪乳或優格適量補充乳酸菌，以預防陰道炎反覆發作。

若是不適症狀始終不見起色，建議盡速就醫經由醫師處方使用口服藥物、陰道塞劑，或是藥膏治療。千萬不要因為害羞而忌諱就醫，要是因為症狀惡化而併發早產或是早期破水就後悔莫及了。

受 孕 小 百 科

鼻塞、咳嗽、喉嚨痛，可不可以吃成藥？

附上結論：「可以吃醫師開的藥，但是不建議自己買成藥。」根據美國食品藥物管理署（FDA）提出懷孕用藥分級（FDA pregnancy catogories），依據懷孕期間服用藥物對胎兒可能造成影響的程度，分成了 A、B、C、D 及 X 五大類：

A 經由完善的臨床人體試驗研究後，並未發現對胎兒有危險性。

B 在動物試驗並未發現對其胎兒有危險性，但缺乏懷孕婦女的臨床試驗；或是動物試驗中雖然顯示對其胎兒有副作用，但是對懷孕婦女的臨床試驗中並未發現對人類胎兒有危險性。

C 動物試驗顯示對胎兒有不良作用，但缺乏臨床人體試驗。經醫師評估使用藥物利大於弊的情形下，可以使用於懷孕婦女。

受 孕 小 百 科

D 根據上市後調查或是臨床試驗顯示對人體胎兒有危險性，但經醫師評估使用藥物的利大於弊的情形下可以用在懷孕婦女。

X 動物試驗或是人體試驗顯示會造成畸胎，或根據上市後調查顯示對胎兒有危險性，懷孕婦女不宜使用。

　　雖然美國食品藥物管理署在 2015 年提出了新的藥物分級制度，將藥物於孕期使用的各項風險考量一併納入，但是多數醫護人員或是相關藥物資訊仍沿用舊版的分級制度。

　　許多臨床上常用的藥物因為沒有臨床實驗證實孕婦使用的安全性，所以大多被歸類為 C 類。一般除了 X 類藥物是絕對禁用外，其他四類的藥物多可依醫師的專業評估，適時、適量地使用。

　　此外，使用藥物的安全性也會因為孕媽咪身處懷孕的早、中或後期而有所差異。因此，不論是傷風感冒或是便秘腹瀉的小毛病，還是建議盡速至醫療院所就診，避免擅自以市面上常用的成藥應急。

第 11 週

第 12 週

第 13 週

第 14 週

第 15 週

第 16 週

第 17 週

第 18 週

第 19 週

第 20 週

中期 第 14 週 椎心刺骨的側腹疼痛！！

寶寶的第 14 週

寶寶的性別終於要揭曉囉！利用超音波檢查從生殖器的外型（不是長相）大概可以猜個八九成。但別太衝動一下子買了太多可愛的小衣服和用品，隨著週數越來越大答案才能肯定，到時候再來大採購也不遲！至於生殖系統則要等到懷孕 30 至 32 週才能完整成熟，所以除了確認性別以外，後期還要再次確認生殖器官的發育狀況。

為了維持穩定的體溫，除了溫暖的羊水以外，胎兒還會慢慢長出一層「胎毛」覆蓋在肌膚之上；毛髮濃密與否與孕媽咪的飲食無關，主要取決於胎兒的體質，但是無論如何，出生後胎毛大多會慢慢脫落。另外，在消化系統練習蠕動的同時，大小腸黏膜的新陳代謝會製造

猜猜看我是男生還是女生？
Photo by GE

出無菌的「胎便」，不過愛乾淨的寶寶是不會隨處大便的，除非是有胎兒窘迫的現象或是已經過了預產期許久，否則大多的寶寶會在出生後才將胎便排出，別太擔心！

寶寶身長大約在 8 公分上下，隨著身體的彎曲與否而略有差異。

媽媽的第 14 週

　　即便是懷孕，許多孕媽咪還是不改平日俐落的身手，一手包辦大小事，但有時會突然側腹一陣刺痛，讓妳大叫一聲，蜷伏在地。這有可能是因為韌帶拉扯不適所造成的疼痛。

　　懷孕中期胎兒在子宮裡逐漸長大，膨大的子宮為了減少對內臟器官的壓迫在體內會有程度不一的旋轉，使得子宮兩側的圓韌帶因而被過度拉扯產生下腹，甚至延伸到鼠蹊部位的劇烈刺痛或抽痛，稱為「圓韌帶疼痛」。這類疼痛常常讓妳痛得直不起身，只能蜷曲身體等待症狀緩解；一般右側腹比左側腹來得常見，舉凡打噴嚏、大笑、咳嗽、快速起身都可能會誘發瞬間的疼痛，因為症狀突然，經常是孕期緊急就醫的原因之一。

　　發生此類情況時，請妳不必過度驚慌。當妳感到側腹部開始隱隱作痛時，建議可以先找個地方坐下或躺下，休息片刻並將患側膝蓋微微彎曲，以減少子宮圓韌帶的拉扯；也可在疼痛部位以溫水袋或暖暖包熱敷，幫助減緩疼痛不適。平日上班或外出時，也可利用托腹帶固定子宮位置，減少姿勢突然改變時對圓韌帶的拉扯。

　　一般隨著週數增加，圓韌帶發育愈趨強壯至足以抵抗外力的拉扯後，圓韌帶疼痛就會逐漸減少。但是，若發生劇烈下腹疼痛，休息後仍不見起色，或是疼痛伴隨有陰道出血、發燒、畏寒等症狀時仍應趕緊就醫。

受 孕 小 百 科

孕期腰酸背痛怎麼緩解？

從早期開始，跟著胚胎一同逐漸變大的子宮就對孕媽咪的脊椎造成不小的壓迫，雖然到了中期，子宮脫離骨盆腔進入了腹腔，但日漸增加的負荷仍對核心肌群造成沉重的負擔，一直到晚期，胎頭逐漸下降伴隨著日益頻繁的子宮收縮，常讓腰酸背痛遲遲無法緩解。

✿ 控制孕期體重：

控制孕期體重是改善腰酸背痛的有效方式，均衡飲食、避免攝取過多的澱粉與醣類有助於維持適當體重，如水果及含糖飲料的攝取就要特別小心。一般水果的每日攝取量大約是兩個拳頭大的量，而且以甜度較低的水果，如芭樂、蘋果、奇異果或是小番茄為佳。消暑飲品的選擇則避免含有珍珠、布丁、或是芋圓等高熱量配料，以免體重遽增，增加脊椎與核心肌群的負擔（孕期體重增加建議表，請參見 P106）。

✿ 適量運動：

倘若孕媽咪沒有孕期運動的相關禁忌症，對於孕前沒有運動習慣的孕媽咪建議可以透過快走、騎室內健身車、游泳及孕婦瑜珈來逐步強化核心肌群的力量，也有助於控制體重。

受 孕 小 百 科

❀ 使用輔具：

另外，輔具的使用也可以分散沉重的子宮對身體帶來的壓迫，如托腹帶就是利用器材的彈性提拉肚子，減少重量對腰背肌肉及骨盆的負荷，尤其是在需要久站或是久走的場合。但若不堪配戴托腹帶的悶熱不適，也可以諮詢專業醫師或物理治療師，使用肌內效貼布來改善症狀。

▲ 使用肌內效貼布來改善症狀。

❀ 避免危險動作：

例如在撿拾地面物品時，盡量以蹲下的方式取代彎腰去撿，以防肌肉拉傷或是不慎跌倒。另外，應選擇有高靠背的椅子，並且保持坐姿端正，使腰背肌肉有完整支撐並減少姿勢不良所帶來的傷害。

❀ 尋求專業協助：

若是症狀遲遲不見改善，甚至越來越嚴重，仍應尋求專業醫療的幫助以免延宕病情。也許，走一趟復健科或是運動專科門診，各位孕媽咪們會有意想不到的收穫喔！

中期 第15週 難以忍受的孕期頭痛！！

第11週
第12週
第13週
第14週
第15週
第16週
第17週
第18週
第19週
第20週

 ## 寶寶的第 15 週

「妳在看我嗎？要不要再靠近點呢？」胎兒近乎半透明的肌膚，讓縱橫其上的血管彷彿呼之欲出，寶寶的一舉一動也越來越多變化。透過超音波，妳可以看到寶寶正嘗試練習呼吸，雖然這個時候肺泡還沒發育完成，但透過呼吸的動作將羊水吸入，對肺部成熟是再重要不過的事。吞嚥羊水的舉動也有助於寶寶腸胃道的訓練，讓腸道肌肉的蠕動更加協調。

別擔心那些漂浮在羊水中的臍帶，聰明的寶寶不會亂碰、拉扯；至於拳打腳踢、手舞足蹈、翻滾跳躍那些可愛的小把戲，就當作是寶寶專屬的有氧運動和取悅爸媽的餘興節目吧！對於經產婦和纖細的媽咪，說不定在力道和角度適合的情形下，妳可以感受到期待已久的第一次胎動唷！

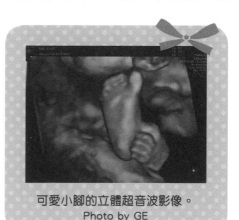

可愛小腳的立體超音波影像。
Photo by GE

 寶寶有多大?

寶寶的身長大約在 9 到 10 公分左右，體重大約為 70 到 80 公克。

媽媽的第 15 週

從這個週數起，孕媽咪不免都有個小小隆起的肚子，歡迎來到屬於妳的「袋鼠人生」。

孕期由於荷爾蒙變化、壓力與睡眠不足等影響，使得不少準媽咪難以擺脫頭痛的困擾。不過，只要排除妊娠高血壓、子癲前症或是顱內出血等因素，利用藥物跟一些生活小技巧大多能獲得舒緩。

頭痛發作常與血管痙攣有關，所以應注意座位是否鄰近空調或電風扇出風口，避免因頭部受寒而誘發頭痛。建議孕媽咪們可隨身攜帶一件連帽薄外套或圍巾，必要時可用於頭部保暖，或是以熱敷肩頸來改善不適。此外，適量的咖啡因也能用來緩解頭痛，當症狀發作時一杯熱紅茶或是熱咖啡，也許可以帶來意想不到的效果。

要是使用了上述技巧頭痛仍不見起色，孕媽咪可請醫師準備含有「乙醯胺酚（俗稱普拿疼）」成分的止痛藥以備不時之需。只要依照醫囑使用是安全無虞的。止痛藥物使用的時機也很重要，建議當感到輕度頭痛時就應該盡速服用，等到頭痛欲裂時才吃藥，藥效恐怕就打折了。特別提醒，勿自行使用成藥，以免產生風險。

受 孕 小 百 科

小腿抽筋擾人清夢，該怎麼改善？

夜深人靜，孕媽咪的一聲慘叫把另一半從睡夢中驚醒，原來是小腿又抽筋了。該怎麼做才能改善呢？

✿ 補充鈣質：

胎兒的骨骼發育需要孕婦提供大量的鈣質，若鈣質補充不足，就容易造成母體血鈣濃度過低而影響神經傳導，導致發生抽筋的情況。建議孕媽咪可以多補充低脂牛乳、乳製品、豆腐、深綠色蔬菜等鈣質豐富的食物，或者也可考慮額外補充鈣片或鈣粉。依照台灣國民健康署的建議，孕婦每日應攝取鈣質 1000 毫克，並隨著妊娠週數的增加，逐步增加至 1500 ～ 2000 毫克，以滿足胎兒發育與母體需求。

✿ 減輕腿部負擔：

隨著體重增加，長時間步行或站立也會加重孕媽咪腿部肌肉的負擔而誘發抽筋。除了適當休息外，也可以在平躺時將腿部稍微抬高至與心臟同高的位置，不僅能減緩抽筋，同時還能改善下肢水腫。另外，也可輕柔地按摩小腿肌肉來舒緩僵硬緊繃的情況。

受孕小百科

❋ **改善血液循環：**

　　隨著子宮逐漸增大，受到壓迫而受阻的血液循環也容易誘發腿部抽筋。白天外出或是上班時，可以穿著適當鬆緊度的彈性襪來改善下肢水腫不適；返家時則可以嘗試以溫水足浴的方式，加強下肢血液循環。另外，入夜時氣溫下降，可穿著輕薄的長褲或長襪以保持下肢溫暖，並側臥休息（左右都可以）。

按摩小腿肌肉的方法

功 效　舒緩腿部抽筋

次 數　每回 5 ～ 10 次

方 法

1 揉按法

將四指緊壓於肌肉痛點上，以畫圓圈方式揉按，以緩解強烈收縮的肌肉。

2 提捏法

針對較大範圍的抽筋區域，雙手虎口與四指將抽筋的肌肉提起、放下，可放鬆緊繃的大肌肉束。

中
期

第 **16** 週 　**我需要做羊膜穿刺嗎？**

 寶寶的第 16 週

　　胎兒的感官功能正式開機囉！透過超音波有時可以捕捉到寶寶眼珠骨碌骨碌移動的瞬間，雖然這時候眼睛還沒睜開，但是視網膜已發育，能對外界的光源產生反應。

　　而逐漸成熟的聽覺也能讓寶寶透過聲音來探索世界。不過由於受孕媽咪腹壁、腸音和心跳聲的干擾及羊水的阻隔，當聲波突破重重阻礙傳送到寶寶耳中的瞬間，音量已經削減許多，所以別擔心突如其來的聲響會嚇壞寶寶，如果連妳都還能忍受，就不致於太大聲（可以放心訂演唱會門票了？！）

　　寶寶的身長多半都已超出了螢幕範圍，長達 11 到 12 公分；體重大約為 100 ～ 150 公克，所以評估生長趨勢的指標將從「身長（頭臀徑）」，改為「預估體重」，利用頭圍、雙頂骨徑、腹圍及股骨長度的運算來得知胎兒的大約重量。這樣的評估模式會一直沿用到生產前，誤差值的範圍大約是正負 10%。

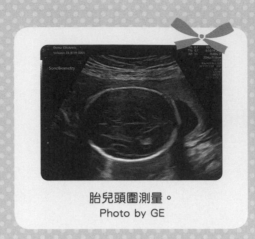

胎兒頭圍測量。
Photo by GE

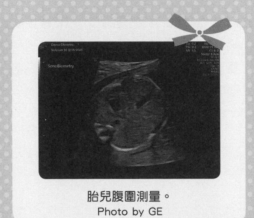

胎兒腹圍測量。
Photo by GE

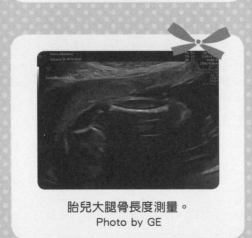

胎兒大腿骨長度測量。
Photo by GE

媽媽的第 16 週

隨著羊水量逐漸充盈，為了得到更精準的檢驗結果以排除胎兒染色體或基因異常，大約要開始考慮是否接受羊膜穿刺檢查。

進行羊膜穿刺時，醫師會以細針穿刺的方式取得所需的羊水，利用漂浮在羊水中的胎兒皮膚細胞進行染色體與基因分析。在執行前，會以超音波確認子宮結構（如子宮肌瘤的位置）、胎盤所在、羊水分布和胎兒位置，以決定最佳下針處；接著在超音波的導引下進行細針穿刺。

通常穿刺後會建議盡量避免久站、負重及運動，如果有發燒、持續腹痛、大量陰道分泌物或是出血時，就必須立即返院檢查；其風險主要以破水及感染為主，雖然機率極低（約在 1/300 ～ 1/1000，隨著現今技術進步，有下降的趨勢），但仍建議在接受檢查之前，與醫師討論執行的必要性，或是否有其他可供替代的檢查方式。

例如小於 34 歲沒有特殊家族病史的年輕孕婦，若超音波檢查正常，不妨考慮先執行第一孕期唐氏症篩檢或是非侵入性胎兒染色體分析，待報告結果出爐再決定是否接受羊膜穿刺。但若為高齡孕婦或是在超音波檢查下發現胎兒有明顯頸部透明帶增厚現象，則建議執行羊膜穿刺，甚至考慮加做羊水基因晶片分析，以確認是否有微小片段缺失或是基因異常。

備孕小叮嚀

嗯嗯排不出來，
難以啟齒的便秘是否可改善？

由於荷爾蒙的影響使得孕期腸胃蠕動相較平時要慢上許多，加上後期子宮變大對腸胃道造成壓迫，使得便秘問題變本加厲，不僅造成孕媽咪身心不適，甚至還會衍生出痔瘡問題。

一般來說，透過增加每日水分攝取及補充高纖食物都有助改善排便不順。高纖食物除了大家所熟知的蔬菜及水果以外，早餐常吃的燕麥、可用來增加飽足感的地瓜，以及養生黑豆漿也都含有豐富的膳食纖維。另外，市售的黑棗汁或黑棗乾，或是針對腸胃道症狀的益生菌產品也都是不錯的選擇。另外，平日適當運動，如快走或是騎腳踏車，以及飯後的固定散步也有助於增進腸胃蠕動緩解不適。

要是妳覺得家用坐式馬桶不利排便時使力，千萬別挺著個大肚子蹲在馬桶上如廁，稍一不慎就可能跌倒受傷；這時不妨準備個小凳子放在馬桶前供雙腳踩踏，同時將上半身微微前傾，就能模擬蹲式馬桶的姿態以方便如廁。

如果以上方法都不見成效，也可諮詢醫師使用軟便藥、輕瀉劑，或是針對腸胃道的益生菌以緩解便秘，切勿自行至藥房購買浣腸劑使用。

第 11 週

第 12 週

第 13 週

第 14 週

第 15 週

第 16 週

第 17 週

第 18 週

第 19 週

第 20 週

中期 第17週 **孕期可以出遊嗎？**

 寶寶的第 17 週

「寶寶在吸手指，好可愛喔！」沒錯！從 17 週開始，寶寶又發展出一項取悅爸媽的新技能——吸手指。事實上，這個動作不只是可愛而已，透過吸吮手指的動作，胎兒可以練習出日後吸吮與吞嚥母奶的能力，這可是他賴以維生的技能喔！

此外，打呵欠、皺眉和歪嘴也是附贈的技能包之一。手部功能也會愈來愈靈巧，有時甚至可能會出現抓住臍帶的動作。（我進行羊膜穿刺時，甚至曾有寶寶企圖表演「空手奪白刃」呢！）

這一週評估羊水量是產檢的重點之一，因為接下來的幾週是安排羊膜穿刺檢查的最佳時機。根據孕媽咪不同的運動量，如果平日可以補充約 1500 ～ 3000C.C. 的水，即可確保羊水量充裕無虞，執行羊膜穿刺檢查的危險性與困難度也會降低。另外，放鬆心情、保持平常心，也是羊膜穿刺時減少風險的竅門之一喔！

寶寶身長大約在 13 到 14 公分之間，體重則大約在 130 到 140 公克。

媽媽的第 17 週

　　從懷孕開始，親友就勸說別太常出遊，但一想到寶寶出生後，出門遠遊恐怕就更遙遙無期了！常讓孕媽咪覺得自己就像一隻籠中鳥。不過，只要產檢一切正常，稍微注意幾個小地方，懷孕中期其實是最適合出門散心的好時機喔！

食 要注意是否乾淨衛生，口味也應該避免辛辣刺激。另外，大量的水分補充也非常重要。不要擔心如廁不便而刻意減少飲水或憋尿，以免造成泌尿道感染。

衣 盡量以寬鬆透氣為主。由於孕期體溫上升，汗流浹背在所難免，要是長時間穿著貼身拘束的服裝，易造成皮膚黏膩不適。另外，私密處較為潮濕，應選擇通風透氣的貼身衣物。

住 行程中要有固定的用餐時間及生活作息。若是下榻的旅館備有健身房，有運動習慣的孕媽咪也不妨適度活動筋骨。同時，避免過度攝取咖啡因及搭配避光眼罩，將有助於調整時差及作息。

第
11
週

第
12
週

第
13
週

第
14
週

第
15
週

第
16
週

第
17
週

第
18
週

第
19
週

第
20
週

行 長時間久坐及站立對孕婦脆弱的腰背肌肉及血液循環是沉重的負擔。因此在漫長車程之中，要有充足的下車休息時間好好伸展身體，放鬆休息，順便上廁所。

育 出遊前，不妨與婦產科醫師一同擬訂旅遊計畫，必要時也可準備病歷摘要或適航證明。同時，也可請醫師介紹當地的醫療院所，以備不時之需。

藥 刺激的水上活動與溫泉行程應盡量避免，並適時安排休息空檔，以免體力不支或不慎中暑。最後，準備行李時，記得要將常用藥品隨著外包裝及醫師指示隨身攜帶，並且按時服用，以免中斷用藥，影響治療效果喔！

備孕小叮嚀

中期發生渾身發癢該怎麼辦？

從這幾週開始，有些孕媽咪就會開始出現全身性的癢疹。據統計，孕期曾發生皮膚搔癢的孕婦高達 1/5。發生時機多在懷孕中期後，原因可歸咎於荷爾蒙影響導致膚況改變，或妊娠紋誘發的免疫反應。

此外，孕婦容易流汗，如果穿著悶不通風又沒有把汗水趕緊擦乾，也可能會刺激皮膚造成搔癢不適，建議可諮詢專業皮膚科醫師先排除嚴重問題，再進行居家護理。

發生皮膚搔癢的孕婦建議可以穿著寬鬆透氣、棉質吸汗的衣物並時時擦拭、清潔汗水，以免黏膩的衣物悶住肌膚。此外，應避免穿著毛料或化纖等容易造成靜電的衣物以免刺激皮膚。

保養容易乾燥的部位也是避免搔癢發作的好方法，平時可擦拭無添加物及香料的乳液或嬰兒油。另外，天氣寒冷時也應避免使用過熱的洗澡水，以免加重冬季癢的症狀。

必要時可請醫師開立口服藥物或局部塗抹的藥膏，常見的處方多為抗組織胺或類固醇，依照醫師指示使用對母胎皆安全無虞，請孕媽咪放心使用。

中期 第**18**週 **懷孕後成了小黑炭？！**

 ## 寶寶的第 18 週

　　有時候在超音波中會看到寶寶正在規律地全身抽動，如果動作大一些，孕媽咪甚至可以感受到肚皮下有些微的震動感。原來寶寶現在正在打嗝！

　　因為胎兒呼吸與吞嚥羊水的動作有時會牽動橫膈膜的敏感神經誘發寶寶打嗝；打嗝同時具有鍛鍊橫膈膜肌肉的功效，有助於寶寶日後的呼吸。

　　此外，寶寶的神經系統也在加速發育中。除了之前提到的視覺與聽覺外，嗅覺、味覺以及周邊的觸覺也在漸漸形成。

　　胎兒原本晶瑩剔透的肌膚下，除了逐漸遍布的神經網絡外，也開始累積皮下脂肪；一方面提供保暖、減少體溫散失，另一方面也能用來儲存能量以供給日後所需。不過，因為脂肪的數量稀少，還是勞煩孕媽咪均衡飲食、供給能量，寶寶才能頭好壯壯喔！

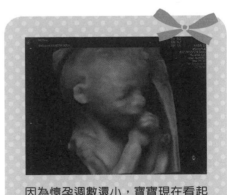

因為懷孕週數還小，寶寶現在看起來還瘦瘦的。Photo by GE

寶寶體重大概在 200 公克左右，差不多是兩瓶「養樂多」的大小喔！至於身長則大約在 14 到 15 公分。

媽媽的第 18 週

受荷爾蒙影響，孕婦體內的黑色素細胞會開始大量分泌黑色素，使得皮膚出現膚色加深的現象，尤其是皺摺處或是容易與衣物摩擦的部位更明顯，像腋下、肘窩、私密處等。此外，懷孕期間在胸骨與恥骨連線處也會形成一條黑線，即所謂的「子母線」，或是乳暈、乳頭的顏色變深，同樣都是因為孕期色素沉澱所造成的反應。這些都是孕期的正常現象，一般坊間常用的妊娠霜對於淡化膚色其實幫助有限。不過膚色變深的情形多半會在產後逐漸改善。

愛美的妳如果不想變成小黑碳就需要嚴格執行防曬。日間活動時無論天晴或陰雨，都有肉眼看不到的紫外線存在，不妨使用遮陽傘、遮陽帽或穿著輕薄的長袖、長褲等來達到物理性防曬的目的。

防曬乳可視孕媽咪當天活動的狀況選擇使用，但要記得適時補擦才能達到防曬效果。另外，美白產品則要格外當心，特別是

含有容易導致畸胎的 A 酸則不建議使用；其他較溫和的美白成分雖然對胎兒無安全疑慮，但因為孕期肌膚敏感，使用前建議仍應經由皮膚科醫師評估。

至於醫美雷射療程，由於孕期肌膚狀態不穩定，再加上治療過程可能造成孕婦緊張與疼痛引起子宮收縮，建議產後再進行。

受 孕 小 百 科

翻來覆去睡不著，如何改善孕期睡眠品質？

懷孕階段因體內荷爾蒙的劇烈變動和適應全新角色的身心衝擊，因此不管是第幾週的孕媽咪，都有失眠、睡不好的困擾。

如果真的睡不好，不妨先檢視自己是否真的有睡眠問題，像是睡眠環境不佳、過度使用提神飲品、生活作息失衡，還是生活型態所導致，並試著調整看看。

❀ 營造適合的睡眠環境：

讓身體進入休息的氛圍才能適當放鬆。像是維持環境安靜舒適、燈光柔和；至於 3C 用品盡量別放在伸手可及的地方，以免螢幕光線影響睡眠。此外，方便半夜調整姿勢的枕頭可以準備一些在身旁，以備不時之需。

受 孕 小 百 科

❀ 避免飲用干擾睡眠的飲品：

為防夜間如廁中斷香甜的睡眠，建議飲水時間儘量集中在晚餐以前。另外，為了避免干擾睡眠，茶與咖啡等富含咖啡因的飲品盡量安排於晨間適量享用；至於市面常見的提神飲品由於成分複雜，不建議孕婦飲用。

❀ 日間睡眠時間不宜過長：

由於體內荷爾蒙上升，讓孕婦常處於疲倦與嗜睡的狀態；為了恢復精力打個小盹是不可或缺的，但若日間睡眠時間過長，不免影響到夜間的睡眠品質。因此，休息的時間應該定時定量。同時，適當的運動與光照也有助調整體內晝夜節奏。

如果調整後始終不見成效，孕媽咪就應該正視這項身體的改變，學著去接受自己的現況；而不是一直鑽牛角尖想著是不是哪個環節有了問題；或者也可尋求醫師的專業意見，好讓身心能得到充分的休息。

中期 第 **19** 週 孕期三千煩惱絲

 ## 寶寶的第 19 週

如果寶寶的姿勢跟角度配合得宜，這一週我們有機會利用 3D ／4D 立體超音波一窺寶寶的模擬樣貌喔！雖然輪廓還不像新生兒那樣鮮明，不過胎兒熟睡的樣子還是依稀可見。

立體超音波因為容易欣賞，所以廣受準爸媽喜愛，不過，受限於胎兒的姿勢、角度和漂流在羊水中的臍帶影響，有時候不一定能呈現出清楚的照片。如果有疑似結構異常的話，還是有賴 2D 超音波才能提供詳細的診斷。

從這一週胎兒的皮膚也開始分泌油脂。當油脂、胎毛和胎兒剝落的皮膚細胞混合以後，就會形成一層白色起司狀的保護層叫做「胎脂」，具有保暖及避免皮膚因為浸泡在羊水太久而產生皺紋的效果。

通常當寶寶足月後，胎脂多會自行脫落；但是如果寶寶早產或是才剛足月，我們就能在新生兒的身上看到胎脂。不過只要適當清潔，寶寶立刻就會恢復白嫩的可愛模樣。

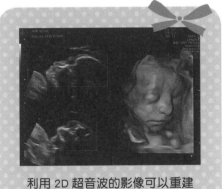
利用 2D 超音波的影像可以重建出胎兒的立體輪廓。Photo by GE

寶寶的身長已經長達 15 公分左右，體重也來到了 240～250 公克。

 媽媽的第 19 週

　　頭髮的新陳代謝，一般可以分為成長期、退化期以及休止期。懷孕期間因體內雌激素大量增加，讓一部分原本處於休止期的頭髮重新回到了生長期，造成孕媽咪的髮量增加；然而等到生產後，體內荷爾蒙重新回到孕前水準，生長期與休止期的頭髮比例也逐漸恢復正常，就會產生明顯的掉髮跡象，俗稱「產後脫髮」。其實這些都是身體因應體內荷爾蒙變化所產生的正常反應。

　　孕期呵護秀髮的第一步，可先避免過度吹整或造型。不管是吹風機或造型電棒捲，對孕期與產後的脆弱頭髮都是一大傷害。此外，造型品也容易增加頭皮的負擔，使用過後務必要記得妥善清潔。其次，適當修剪頭髮也能減少豐沛髮量帶來的雜亂視覺效果，並降低髮根的負擔與梳理頭髮所造成的拉扯，減少頭髮斷裂或大量掉髮。

第
11
週

第
12
週

第
13
週

第
14
週

第
15
週

第
16
週

第
17
週

第
18
週

第
19
週

第
20
週

最後，充足睡眠、紓解壓力，並補充鐵質、蛋白質及維生素
B 群的食物或營養品也有助維護頭髮健康。特別是貧血的孕媽咪，
懷孕期間別忘了依照醫師指示，適當地補充綜合維他命或鐵劑。

受 孕 小 百 科

胎教百百種，該怎麼進行？

胎教不只是針對胎兒，孕媽咪的身心狀態也是不可或缺
的重要環節。孕育寶寶的同時，渾然天成的母性讓孕媽咪有
著強烈的動機，驅使著自己進行健康的生活型態、營造優良
的先天環境，如循序漸進的進行適量、適當的運動，避免抽
菸、飲酒等不良飲食習慣。

此外，專家學者也認為，透過胎教的各項感官刺激，能
促進胎兒大腦的活動與發育，可能有助胎兒未來的潛能開發，
甚至影響孩子的性格塑造！像是父母可透過與肚中孩子的交
談與互動或是閱讀床邊故事等方式來強化親子連結。除了能
刺激胎兒的感官，也能讓父母對這即將到來的新成員有更多
的期待。其次，孕媽咪隨時隨地都可以用手輕輕的撫摸肚皮，
利用觸覺的刺激以活化胎兒的大腦；或是讓另一半感受胎兒
在肚子裡的胎動，也是促進親子關係的好方法。

中期 第**20**週 **胎動到底是什麼？**

 寶寶的第 20 週

因為**寶寶**體型長大，動作也變得比較有力，所以不論是初產婦或是經產婦大概從本週開始，就會初次體會到「胎動」囉！胎動的感覺因人而異，妳可能覺得像腸胃蠕動，也可能認為像肚子裡有氣泡啵啵啵，至於教科書上則說像是「肚子裡有**蝴蝶飛舞**」（這也太抽象了吧！）。

胎動的強烈與否，受到許多因素影響，如果孕媽咪的身材比較豐滿、羊水量偏少或是胎盤著床的位置碰巧在子宮前壁等情況，胎動可能會比較微弱。一般建議可以利用超音波檢查時，從螢幕上寶寶的反應來對比自己的感覺，比較容易辨識什麼是胎動。

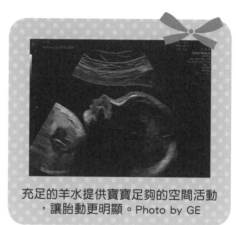

充足的羊水提供寶寶足夠的空間活動，讓胎動更明顯。Photo by GE

另外，「開始感覺到胎動」跟「每天都有胎動」是不能相提並論的。在懷孕 20 至 28 週，胎動會像捉迷藏一樣若隱若現，大約要到懷孕 28 週以後，每天才會有固定的胎動。到了 36 週後，受限於活動空間減少胎動可能又會變得似有若無。其實胎動的多跟少與寶寶健康與否不一定相關，除非是突然完全消失，才需要趕緊就醫檢查。

又經過了一週，寶寶的體重也從上週的 240 公克來到了 300 公克左右。一點一滴的成長，也讓孕媽咪心裡踏實了許多。

媽媽的第 20 週

恭喜妳！已經抵達這段旅程的休息站了！許多不適會突然消失不見蹤影，是孕期中難得舒適的階段，感受也愈來愈踏實。透過寶寶的一舉一動，會讓妳更真真切切地體會孕育新生命的感動。

美國婦產科醫學期刊最新研究報告發現，倘若孕婦工作時連續站立超過 4 小時，或是每日搬運總重超過 100 公斤，將分別增加 31％及 11％的早產風險。另外，工作時長時間站立或步行也被證實了與胎兒體重過輕的關聯性，而工作時長時間彎腰或負重則與子癲前症的發生率有關。最後，在懷孕早期搬運 11 公斤以上的重物可能會增加 35％的流產風險。

第 11 週

第 12 週

第 13 週

第 14 週

第 15 週

第 16 週

第 17 週

第 18 週

第 19 週

第 20 週

關於久站對於孕婦的影響，研究團隊推測可能是為了負荷體重，下肢肌肉組織的充血腫脹造成胎盤血液灌流的不足，繼而引起子宮收縮及胎兒生長遲滯。此外，工作時的緊張情緒及搬運重物，容易使得孕婦血液中的兒茶酚胺濃度上升，進一步造成子宮收縮與血壓上升。至於休閒活動時的站立、走動，或是負重，由於並非長時間持續進行，也有充足時間休息與恢復，所以不但有助於孕婦的身心健康，也不會造成上述的不良結果。

因此各位職場孕媽咪在繁忙工作的同時，請別忘了適時地忙裡偷閒，好好坐下喘口氣，稍微喝口水，上個洗手間喔！

受 孕 小 百 科

如何預防孕期憂鬱？

為了扮演好母親的角色，許多孕媽咪都積極地學習母嬰新知並一手打點各項準備工作。但是孕期的種種不適也常常使得準媽咪身心俱疲，而體內的荷爾蒙風暴也讓孕媽咪的情緒隨時可能一觸即發。

由於現代女性經常身兼多重角色，即便是懷孕以後恐怕也無法稍微喘息。萬一遭遇到家庭、工作，或身體的重大變故，就有可能讓緊繃的情緒潰堤，進而影響孕期或產後生活。

第
11
週

第
12
週

第
13
週

第
14
週

第
15
週

第
16
週

第
17
週

第
18
週

第
19
週

第
20
週

　　根據統計，憂鬱症的好發年齡為 20 ～ 40 歲，這段期間也是女性生育的高峰。因此，許多專家認為孕期或是產後憂鬱症應視為憂鬱症患者受到生產與育兒的壓力而導致發病，而並非只是一種侷限於孕產期間的特定疾病。

　　預防上，除了針對憂鬱症要有正確的認知外，養成良好的規律作息、適當舒緩壓力、家人的耐心陪伴與支持都是不可或缺的重要因素，例如不妨視情況在孕期安排一些輕鬆的出遊行程，享受與家人相處的歡樂時光；或是在親友的陪同下，進行能力所及的運動，讓汗水洗去煩悶的心情，也有助於孕期的體重控制與生產的體力儲備。

　　最重要的是，在懷孕與育兒的道路上，妳不是獨自一人。別忘了！身旁的另一半，不論喜怒哀樂或是各項準備工作都將是妳一路走來最堅強、最可靠的隊友。而周遭的親朋好友也隨時準備與妳攜手一同學習、一同面對生產與育兒的種種考驗。

　　最後，網路上的資訊五花八門，來源常常無從考證。而親朋好友的個人經驗，也往往流於主觀的感受。如果有任何孕產期健康、育兒照護或是孕期憂鬱等疑問，可以利用「愛丁堡產後憂鬱評估量表」(請參見 P208) 幫助評估自身情況。必要時仍應就醫尋求專業協助，並與醫師充分合作，以減少憂鬱症對個人與家庭所帶來的巨大衝擊。

寶寶的第 21 週

　　轉眼間，寶寶已經陪伴了妳五個月，大部分的器官也都已經稍具雛形，所以在懷孕 20 ～ 24 週間也是最適合執行高層次超音波檢查的時機。

　　此外，妳不免疑惑，經過了那麼長的一段時間，羊水是如何「保鮮」的呢？難道不會有過期或腐敗的問題嗎？事實上，子宮內的羊水一直都處於「動態平衡」的狀態。寶寶的腎臟會持續製造尿液，排出體外後就形成羊水，此外，從這一週起，寶寶會開始少量但持續地呼吸與吞嚥羊水，除幫助肺部發育外，也能練習吞嚥、刺激腸道蠕動，並使得羊水得以維持循環與潔淨。

　　所以羊水太多或太少，就要注意是否在羊水製造或代謝出了問題，必要時，要進行更精細的評估。

　　寶寶的身長目前已經來到了 27 公分左右，體重已成長至 360 公克。各位孕媽咪不妨給自己鼓勵一下吧！

第
21
週

第
22
週

第
23
週

第
24
週

第
25
週

第
26
週

第
27
週

第
28
週

第
29
週

第
30
週

媽媽的第 21 週

一般在產檢期間，醫師會執行 3 次健保補助的產檢超音波篩檢，以評估胎心音、胎位、胎兒大小、胎盤位置及羊水量，但不包括胎兒各項內臟器官或四肢結構檢查。

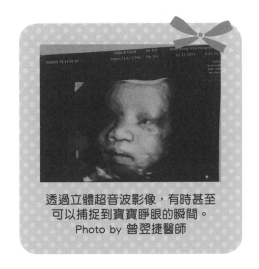

透過立體超音波影像，有時甚至可以捕捉到寶寶睜眼的瞬間。
Photo by 曾翌捷醫師

為了能更完整地評估胎兒情況，高層次超音波便應運而生。透過高階的超音波儀器從頭到腳檢視胎兒的腦部、內臟器官、四肢發育以及子宮環境等，可以幫助我們找出胎兒是否有結構異常，以便作為未來進一步檢查或治療的依據。

執行時由於檢查項目眾多，依母體身材條件、羊水多寡與胎兒姿勢的不同，一般約需時半小時至一小時。過程中有時為了調整胎兒姿勢以利詳細檢查，會請受試孕婦起身小解，稍事休息或進食少許點心。

　　如果在檢查的過程中發現胎兒異常，會視情況安排更進一步的檢查，其中最常發現的胎兒結構異常，就是「先天性心臟病」，估計在台灣的發生率約為 13 / 1000；比大家聞風喪膽的唐氏症（約 1 / 800）還高。如果結果正常，孕媽咪就可以暫時鬆一口氣。不過，後續產檢，仍需注意寶寶的成長速度以及特定器官的發育。

　　另外，由於超音波檢查的敏銳度極高，有時會發現寶寶有一些小地方與眾不同。臨床醫師會根據醫學文獻及臨床經驗判斷寶寶是否需要再做更進一步的檢查，或是轉診至兒童醫學的相關專科進行評估，決定是否出生以後再追蹤檢查即可，請孕媽咪不要過度驚慌。

受 孕 小 百 科

4D 超音波或立體超音波是什麼？

　　容易造成孕媽咪混淆的「4D 超音波檢查」或「立體超音波檢查」是把一般平面超音波的影像數據，透過電腦運算輸出為立體影像。隨著超音波儀器發展的日新月異，坊間用於產檢超音波使用的設備多已足敷 4D 超音波檢查或高層次超音波檢查的使用，因此兩者所使用的超音波儀器多半相同。4D 超音波檢查雖然有若干診斷價值，但是與高層次超音波檢查仍然大不相同。

　　除此之外，利用子宮頸長度與雙側子宮動脈血流阻力的測量，高層次超音波檢查也有助於預測孕婦早產與子癇前症的發生風險。而隨著科技的日新月異，進階超音波檢查也能測量子宮頸的彈力係數以預測未來早產的機率，透過一系列的詳細檢查，也讓我們能夠為孩子的未來超前佈署。

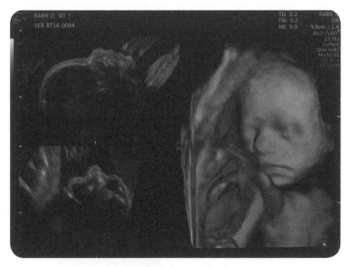

▲ 利用平面超音波的影像數據，透過電腦運算
輸出為立體影像。Photo by GE

乳房脹痛是正常的嗎？
怎麼護理？

 寶寶的第 22 週

不管有沒有安排高層次超音波檢查，本週產檢時多半會執行健保給付的超音波檢查，內容包含胎位、胎兒心跳、胎盤位置、羊水量及預估體重等項目，提供基本的胎兒狀況評估。

在各項器官都稍具雛形後，緊接而來的就是功能的強化了。視覺部分因為視網膜的逐漸發育，胎兒對光線的反應也越來越敏銳，儘管子宮內多半是漆黑一片，但是具有穿透性的強光仍有可能被胎兒察覺。

聽覺也愈趨成熟，特別是低沉的音調，例如爸爸的聲音（或是「五月天」的強烈節奏），因為容易穿透羊水，胎兒的反應也會比較明顯（不是偏愛爸爸）。

此外，觸覺的發育也慢慢形成。透過媽媽溫柔的撫摸，對腹中胎兒也會有安撫的效果唷！下次感覺到寶寶躁動不安的時候，孕媽咪不妨試試看！

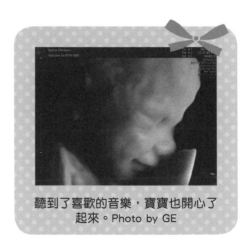

聽到了喜歡的音樂，寶寶也開心了起來。Photo by GE

一眨眼，胎兒的體重已經接近 500 公克囉！大約跟妳最愛喝的「純 X 茶」差不多重囉！（順便一提，雖然懷孕，可是「純 X 茶」還是可以喝一點的）至於身長呢？也到了近 30 公分了。

媽媽的第 22 週

有些上圍豐滿的孕媽咪可能會覺得乳房脹痛的感覺越來越明顯，有時甚至才剛添購不久的內衣，穿起來也怪不舒服的，不禁擔心起自己的乳房是不是有什麼問題？

懷孕期間受到體內荷爾蒙的刺激，孕媽咪的乳房會有變大的趨勢，為了不壓迫脹大的乳房，通常需要添購新的貼身衣物。建議可選擇較大尺寸的全罩式內衣以完整包覆乳房，除了可提供完整的支撐外，也能兼顧穿著上的舒適。

此外，也可挑選針對哺乳所設計的專用內衣，以方便日後哺育母乳期間使用。至於沒有鋼圈的運動型內衣雖然短時間內穿起來較舒適，但具高固定性的運動型內衣長時間使用下，容易造成強烈的束縛感引起不適。

另外，中期後有些孕媽咪的乳頭會開始分泌乳汁，有時乾燥的乳汁可能會造成乳頭搔癢。建議孕媽咪可以在沐浴時輕柔地清除乳頭上的污垢，或是在沐浴前將化妝棉以純橄欖油或嬰兒油浸濕，敷在乳頭上以軟化頑垢，切勿用力搓洗，以免刺激乳頭引起宮縮不適。

針對懷孕前已知有乳房良性腫瘤或是家有乳癌病史的孕媽咪，孕期中如有不適也建議定期至乳房外科追蹤。

 備孕小叮嚀

登革熱的流行季節，該注意些什麼？

孕媽咪因免疫力下降，罹患登革熱的嚴重程度要比一般人高。而感染時的懷孕週數也跟嚴重程度息息相關，尤其以懷孕初期及後期較為嚴重。在初期，登革熱感染可能會造成流產及異常出血；到了懷孕後期，則可能會有早產、胎兒過小以及產後大出血等表現。

不過，孕媽咪也不需過度恐慌，絕大多數的登革熱患者在支持性療法（退燒藥及水分補充）的幫助下，病情多半可以在兩週內獲得改善。不過要是持續高燒不退、口鼻及陰道出血、腹部疼痛及壓痛，與持續性嘔吐仍須儘速就醫尋求協助。

另外，在預防方面，除了注意居家環境有無積水外，目前衛生局所噴灑的氣霧式殺蟲劑對人體是相對安全的，並不具有會導致腫瘤及畸胎的成分，以避免影響人體健康。因為該藥劑的特性是遇光容易分解，所以如果環境有充分通風，將加速藥劑散發，以減少刺鼻的氣味。

最後，孕婦及小於兩個月以下的嬰兒也應避免直接塗抹防蚊產品。如需使用，可將防蚊產品塗抹在衣物上以達到同樣效果，不過要注意不要塗抹在袖口的部分，以免嬰兒誤食。

中期 第**23**週 救命啊！
腳腫得像「麵龜」？

第 21 週
第 22 週
第 23 週
第 24 週
第 25 週
第 26 週
第 27 週
第 28 週
第 29 週
第 30 週

 寶寶的第 23 週

寶寶整晚在動，難道不用睡覺嗎？事實上，胎兒所需的睡眠與新生兒相差無幾，甚至還要來得多，只不過胎兒睡覺時，不像成人那麼安分。胎兒的睡眠時間比較片段，每次大約 20 ～ 90 分鐘不等，睡醒後打鬧一下可能很快就會再度進入夢鄉。

另外，胎兒睡覺時也會作夢，研究指出透過超音波，會發現胎兒有類似動眼期的眼球活動，所以推論胎兒在子宮裡可能會作夢，而在作夢的同時也會誘發肌肉反射，造成持續胎動。

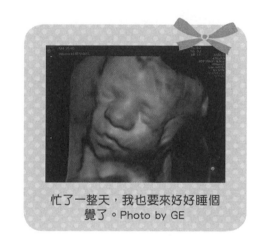
忙了一整天，我也要來好好睡個覺了。Photo by GE

那麼胎動多少算正常？當平時測定胎動的時間到了，胎兒卻音訊全無時，是否有問題？首先，當週數還太小時，本來就比較不容易感受到胎動；其次，或許胎兒正在熟睡，所以變得不太愛動；另外，有些身形比較豐滿或是胎盤位在子宮前壁的孕媽咪，也比較不易察覺胎動的變化。

建議孕媽咪可以起身活動片刻讓血液循環好一些；或是吃些小點心，讓血糖濃度稍稍升高，通常寶寶馬上就會變得生龍活虎。不過，要是覺得胎動真的不太對勁，還是相信自己的感覺，到醫院一趟吧！檢查完畢後，才能放心地睡個好覺。

腰酸背痛的狀況越來越明顯了呢？現在，肚子裡的小傢伙已經是個 30 公分長，500 公克重的小寶寶了！要是太累的話，不妨試試看托腹帶喔！

 媽媽的第 23 週

　　隨著懷孕週數越來越大，可以穿的鞋子越來越少了！當肚子裡的寶寶越長越大，子宮對下肢血液循環的壓迫也愈趨嚴重，常造成懷孕中期以後的下肢浮腫與痠麻感，對於平日上班需要久站或久走的孕媽咪影響尤其明顯，有時甚至連休息後都遲遲不見改善，陷入無法改變的惡性循環。值得注意的是，水腫也可能是嚴重疾病的前兆，如果水腫伴隨著血壓升高、尿量減少，或腫脹處劇烈疼痛等不適症狀；或是依照下列方式做但症狀仍然不見舒緩，還是應就醫檢查。

● **使用托腹帶、彈性襪：**

　　為了減少子宮對血液循環的壓迫，平日需要長期站立或散步時，可以使用托腹帶來拉提腹部的沉重負擔；或是穿著適當鬆緊度的彈性襪，也能有效舒緩下肢的腫脹不適。建議在一早起床後就先將彈性襪穿上再開始一天的活動，這時的下肢腫脹比較不明顯，穿著彈性襪比較容易；直到外出或下班返家後，再脫下彈性襪讓下肢透透氣。

第21週
第22週
第23週
第24週
第25週
第26週
第27週
第28週
第29週
第30週

● 將雙腳墊高：

平躺時可以利用枕頭或抱枕將雙腳墊高，約莫與心臟同一水平面的高度即可，利用重力幫助下肢靜脈血液回流；或是在側躺時，將枕頭夾在雙腿之間，也有改善水腫的效果；而溫水足浴可以加速血液循環，有助周邊組織水腫的消退。

● 消退水腫的飲品謹慎使用：

親朋好友總會熱心地分享一些有助消退水腫的飲品，例如紅豆水或是薏仁水等。由於其中大多含有利尿成分或是豐富的鉀離子。如果長時間大量飲用，可能會造成電解質的不平衡，甚至引起心律不整，尤其是本身腎功能就不太理想的孕媽咪更要小心。建議還是先諮詢醫師後再飲用。

受 孕 小 百 科

托腹帶的功用及選購建議？

因為大肚便便的負擔，很多孕婦在走路時都得用手環抱肚子或是撐住腰部；有些孕媽咪甚至會感受到明顯的下墜感，老是覺得寶寶好像要掉出來似的，搞得自己心情七上八下，這時不妨可以開始使用托腹帶。

托腹帶通常由具彈性的材質製成，透過托腹帶的輔助，把孕肚由下往上提拉，可以減少孕媽咪腰背肌肉的負擔。另外，也能幫助維持身體重心，改善孕媽咪彎腰駝背的現象，

受孕小百科

各種因為姿勢不良造成的不適,例如腰痠背痛、骨盆痛、或是屁股痛也就不藥而癒。

使用托腹帶的時機因人而異,可視個人狀況開始使用。有些孕媽咪大約從懷孕中期就可以感受到腰圍的快速增加,這時可以到專櫃門市試用看看,覺得有效再購買即可。為了避免因為使用托腹帶造成皮膚悶熱不適,通常建議只有久站或是久走時再使用。臉書社團盛傳托腹帶的使用可能影響胎頭下降,其實是過度解釋了,請孕媽咪放心依自身情況斟酌使用。

選購托腹帶時,有幾個重點請孕媽咪注意:

❶ **材質是否透氣親膚**:台灣氣候炎熱,在外奔波的同時,要是還身纏厚重的托腹帶,相信孕媽咪一定燥熱難耐。有時在專櫃試穿時因為空調清涼,所以一時之間可能沒發現材質悶熱,所以試穿時可以稍微活動,感受材質是否舒適。

❷ **尺寸大小有無彈性**:孕肚的大小隨著週數漸增,前後差距不小。建議孕媽咪選購適合自己身形的托腹帶,並預留孕肚成長的空間。另外,彈性適中的托腹帶才可以兼顧舒適度與支撐性,所以還是要親自試用後,才能找到最適合自己的托腹帶。

❸ **穿脫是否輕鬆便利**:孕媽咪多半頻尿,托腹帶通常必須先行拆卸才方便如廁。倘若托腹帶的設計繁複,孕媽咪往往不堪多次穿脫的麻煩,很快就會把托腹帶棄而不用。宜選擇方便自行穿脫的產品,不須過度迷信複雜構造帶來的支撐性。

第 21 週
第 22 週
第 23 週
第 24 週
第 25 週
第 26 週
第 27 週
第 28 週
第 29 週
第 30 週

中期 第 **24** 週 可怕的糖水檢驗

 寶寶的第 24 週

相較於過去幾週略顯蒼白，胎兒肌膚下星羅棋布的微血管叢，讓寶寶的膚色從本週起漸漸地紅潤了起來；而逐漸累積的皮下脂肪，也讓寶寶的內臟器官不再那麼清晰可見，原本看起來骨瘦如柴的小寶貝總算有點「嬰兒肥」囉！

透過立體超音波大概已經可以清楚辨認出寶寶的五官。不過真要說長得像誰？恐怕還要再給寶寶一點時間，才能發展出他的個人特色，到時候再請親朋好友評評理就好啦！

不過因為缺乏色素，胎兒的毛髮顏色多半呈現有些透明或是偏白，但隨著懷孕週數漸增，毛髮的型態就會越來越明顯。等寶寶出生時，妳就可以好好看看他是不是像期待中的一樣擁有濃密捲翹的睫毛，或是一頭豐盈飛揚的秀髮。

指甲的形成，這時也蓄勢待發了。不過因為質地柔軟，所以不用擔心他會抓傷自己喔！

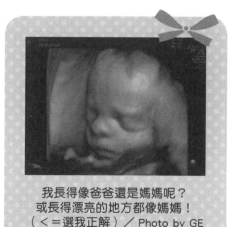

我長得像爸爸還是媽媽呢？
或長得漂亮的地方都像媽媽！
（＜＝選我正解）／ Photo by GE

寶寶的身長目前大約 33 公分左右，體重則是將近 600 公克。孕媽咪是不是很有成就感呢？

 ## 媽媽的第 24 週

糖水測試正確名稱為「75 公克葡萄糖水負荷試驗」，是利用定量的口服葡萄糖補充來測試母體對血糖濃度的調整機制，篩檢母體是否有罹患妊娠糖尿病的可能。

隨著國內女性晚婚晚育高齡孕婦的比率逐年增加，加上飲食西化與缺乏運動，孕期體重增加過多的比例也大幅攀升，讓國內妊娠糖尿病的發生率近年來一直居高不下。由於患有妊娠糖尿病的孕婦大多沒有明顯的症狀，再加上罹患妊娠糖尿病將大幅增加子癲前症、妊娠高血壓、早產、巨嬰或是肩難產等生產併發症，目前國內仍以健保補助公費全面篩檢為主。

受 孕 小 百 科

妊娠糖尿病，是因為愛吃糖？

　　妊娠糖尿病是指在懷孕前無糖尿病病史，但是在懷孕過程中，被診斷有高血糖的情況，可能與懷孕期間有些荷爾蒙會造成母體血糖濃度升高有關；雖然多數孕媽咪能產生更多的胰島素來維持血糖穩定，但是還是有少數人會因為身體不堪負荷，使得血糖濃度居高不下。

　　為了預防妊娠糖尿病，我們鼓勵孕媽咪在懷孕期間節制飲食，不要盲目地進補與放縱食慾，同時搭配適度的運動以減少胰島素的負擔並維持血糖濃度的穩定。

　　一但被診斷有妊娠糖尿病，會建議居家監測血糖並調整生活與飲食習慣。倘若成效不佳，醫師會視需要給予口服降血糖藥物或是胰島素注射以協助控制血糖，只要依照醫師的指示使用對母胎都安全無虞。

　　產後為了確保血糖恢復正常。一般多建議罹患妊娠糖尿病的產婦應該在產後 2 ～ 3 個月再安排一次口服 75 公克葡萄糖水負荷試驗，以確定血糖代謝是否恢復正常。萬一血糖代謝依舊不佳，會建議在新陳代謝科密切追蹤。

孕期體重增加建議表		
孕前 身體重量指數	建議增加體重 （公斤）	孕中孕期 每週增加體重
18.5 ＜	12.5 ～ 18.0	0.5 ～ 0.6
18.5 ～ 24.9	11.5 ～ 26.0	0.4 ～ 0.5
25.0 ～ 29.9	7.0 ～ 11.5	0.2 ～ 0.3
＞ 30	5.0 ～ 9.0	0.2 ～ 0.3

身體重量指數＝體重（公斤）／身高（公尺）平方
資料來源：衛生福利部國民健署

第21週

第22週

第23週

第24週

第25週

第26週

第27週

第28週

第29週

第30週

中期 第 **25** 週 **懷孕期間的閨房情趣**

 寶寶的第 25 週

在 24 至 28 週間，錯綜複雜的肺臟細支氣管開始從末端長出小囊，也就是「肺泡」的前身，並開始大量分泌表面張力素以幫助未來的肺泡擴張。

這就是「嚇到吃手手」。
Photo by GE

另外，微血管的發育也不僅侷限於寶寶的皮膚下，當上述小囊間的微血管系統深入每個肺泡之間以後，胎兒的肺臟將在不遠的未來具備氧氣交換功能。因工程浩大，耗時甚久，因此，我們希望寶寶能安安分分地在子宮裡待到足月，好讓他以發育健全的肺臟呼吸著來到這世界上的第一口空氣。

另外，隨著神經系統逐漸成熟，各種神經反射也一一登場。例如胎兒的「驚嚇反射」就可能在這幾週因為母體突然的反應或是巨大的聲響而出現，讓妳感覺寶寶似乎有些躁動不安。還記得我們前幾週提到的「胎兒觸覺」嗎？該是妳輕撫肚子，練習安撫寶寶的時候了！除此之外，用溫柔的聲音呼喚寶寶的小名，也是穩定胎兒情緒的好方法喔！說到這兒！妳開始構想要替肚子裡的寶寶取什麼小名了嗎？

寶寶有多大?

來到了第 7 個月,寶寶體重已經差不多 660 公克左右,身長也來到約 34.6 公分。

 ## 媽媽的第 25 週

魚水之歡的甜蜜情趣是維繫情感的重要關鍵。隨著孕媽咪的肚子愈來愈大,許多準爸媽因為擔心性行為對胎兒造成的風險,同房次數可能會瞬間大減。

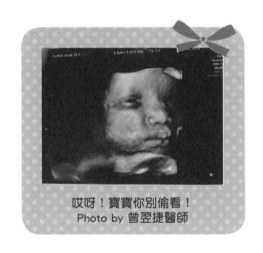

哎呀!寶寶你別偷看!
Photo by 曾翌捷醫師

其實妳大可放心,除非懷有多胞胎、迫切早產正在安胎、子宮頸閉鎖不全、前置胎盤或疑似胎盤早期剝離等問題,才會建議先諮詢醫師後,再決定是否適合進行孕期性行為;如果期間沒有任何特別狀況,不論孕期的任何階段,都能享受親密關係,不需特別禁慾。

第
21
週

第
22
週

第
23
週

第
24
週

第
25
週

第
26
週

第
27
週

第
28
週

第
29
週

第
30
週

不過，為了不要造成掃興的小插曲，有些小地方要特別注意：

❤ 愛撫或吸吮乳頭容易增加催產素的分泌，引起子宮收縮，過程中應盡量避免對乳頭過度刺激。

❤ 為了避免性行為時的體液交流影響陰道環境，造成陰道感染或是子宮收縮，建議事前要先沐浴、排空膀胱、補充水分，並全程使用保險套。

❤ 高潮過後，有時子宮會有持續規律的收縮，屬於正常現象。只要不引起疼痛或大量出血，建議先休息片刻，若症狀不見改善或持續惡化才需要就診。

❤ 隨著妊娠週數漸增，肚子越來越大，傳統體位（男上女下）對腹部的壓迫要格外當心。建議可改用方便女方控制節奏與深度的女上男下體位或是避免孕婦肚子壓迫的背後或側身體位，以達到安全而盡興的閨房樂趣。

❤ 懷孕期間，因荷爾蒙的影響，敏感部位的感受將變得格外敏銳。建議初次嘗試孕期性行為時，愛撫與性交過程應輕柔進行以免造成不適。

受 孕 小 百 科

如何有效預防子癲前症？

隨著現代晚婚晚生的趨勢，妊娠高血壓對孕產婦的威脅也日漸升溫。根據統計，子癲前症及子癲症已成為全球孕產婦的第二大死因，故建議針對孕婦進行子癲前症篩檢以及早預測與預防。

雖然子癲前症的預測可以利用母體血液中的生化數值及子宮動脈血流阻力值來進行運算以得到準確的發病機率；但規律血壓監測仍可早期偵測六成的子癲前症發生，建議高風險族群孕婦，孕期規律測量血壓，以減少子癲前症對母胎帶來的傷害。

❀ 居家血壓測量的小秘訣

建議選用經過專業認證的全自動電子式血壓計進行每日居家血壓監測，不僅測量數據準確可信，使用上也較為便利。如果對於家中血壓計的準確度存疑，也可以將家中血壓計攜至醫療院所，與醫用設備同時量測以校正數值，並記得將平日量測的血壓數值於產檢時攜回，以協助醫師開立或調整藥物劑量。

測量血壓注意事項

- 不要說話

- 確保背部及
  足部的妥善
  支撐

- 排空膀胱

- 雙腳不交叉
  或翹腳

- 將測量的手臂平放在
  與心臟同高的平面上

- 血壓加壓帶不要纏
  繞在袖子外面,並
  確認加壓帶大小是
  否適合

✿ 測量血壓注意事項

- 測量時應坐在有靠背的椅子上,將手臂支撐在桌上約與心
  臟同高。

- 量血壓前 30 分鐘禁止抽煙及攝取含咖啡因之飲料,並排
  空膀胱。

- 雙手的血壓不同,建議應該選擇較高血壓的那隻手固定量
  測。

受 孕 小 百 科

- 測量前必須休息 5 分鐘，並依照上臂圍選用適當大小之血壓加壓帶。

- 建議使用經專業認證且校正過的全自動電子式血壓計。

- 使用兩次或兩次以上之測量結果，並詳細記錄收縮壓及舒張壓數值以取得平均值。兩次測量之間必須間隔 1 分鐘以上。如果兩次的數值差異大於 10 毫米汞柱以上，就必須再次測量。

- 養成每日早晚各量一次血壓的習慣。

- 受到孕期荷爾蒙的影響，再加上夜間睡眠中可能不自覺流失了大量水分。許多孕媽咪一早的血壓多半偏低。建議孕媽咪可以在起床後先行補充水分，待休息片刻以後再行測量，以免血壓數值偏低失真，影響判斷。

- 說話談天，身體不適（例如頭痛、腹脹或是憋尿等症狀）和情緒狀態（亢奮、憤怒和悲傷等情緒）都有可能影響血壓的測量。以身心舒適的狀態量血壓比較不會讓數值誤差太多。

- 倘若測得血壓偏高（例如收縮壓大於 140 毫米汞柱，舒張壓大於 90 毫米汞柱，或是數值比平日高出 20 毫米汞柱以上），如果稍事休息後仍未改善，請務必立即回診。

中期 第**26**週 **孕期運動有益母嬰健康**

第 21 週

第 22 週

第 23 週

第 24 週

第 25 週

第 26 週

第 27 週

第 28 週

第 29 週

第 30 週

寶寶的第 26 週

看著產檢的立體超音波照片，妳會發現，寶寶好像老是在睡覺！因為無論何時拍攝，寶寶的雙眼總是緊閉著。這樣的情況，從這週開始可能會有些改變囉！由於視網膜已幾近發育完成，有時候胎兒可能會把眼睛睜開，看看周遭的環境！雖然子宮裡多半是一片漆黑，不過如果碰巧有強光出現（如

濃密睫毛（？！）的小寶寶。
Photo by GE

用手電筒照肚子），寶寶說不定會有些反應喔！也許是將身體靠向光源，或是朝著光源的方向動動手腳（寶寶：把手電筒拿開！）都有可能發生喔！如果運氣夠好，立體超音波可能剛好會捕捉到寶寶睜開眼睛的瞬間。

此外，日漸成熟的大腦也加強了跟周圍感官的聯結。同一本故事書，由爸爸或媽媽念，寶寶的反應可能大不相同；寶寶也可能開始有他偏愛的專屬兒歌，只要前奏一下，他就會開始興奮地動來動去呢！這個小生命，在過去的六個月，已經不知不覺建立起跟外界的互動，也讓人不禁期待，當他出生之後會以什麼樣的姿態來面對這個世界呢？

從現在開始，寶寶平均每週會長大 100 多公克，所以這週體重大約是 760 公克左右。至於身長大約是 35 或 36 公分左右。

 媽媽的第 26 週

隨著妊娠週數越來越大，有些身材略顯豐腴的孕媽咪，體重計上的數字看起來也越來越驚人。

過去孕期運動總被認為會造成早產或胎兒發育不良，但分析發現，從第一孕期開始適度運動並持續到足月，不會增加胎兒早產或出生體重過低的機率。

研究也指出，不管是孕前有沒有運動習慣、患有慢性高血壓、妊娠糖尿病或身材豐滿的孕婦，適度運動不會對母胎造成傷害。更別提孕期運動有助降低巨嬰、妊娠糖尿病、子癲前症、剖腹產或器械助產、下背痛及產後尿失禁等發生率；除非有特殊問題，否則孕期運動已是孕期不可或缺的保健良方。

不過，為免不堪負荷，建議可以從每天進行中等強度的運動20 至 30 分鐘開始著手。例如快走、室內健身車、游泳及孕婦瑜珈都是不錯的入門選擇。此外，孕婦運動時可以嘗試與同行者輕鬆聊天，如果有些上氣不接下氣，就要放緩動作。

第 21 週

第 22 週

第 23 週

第 24 週

第 25 週

第 26 週

第 27 週

第 28 週

第 29 週

第 30 週

從事運動時，除了要注意避免環境高溫潮濕外，也要注意場地是否安全，如有無積水濕滑等。最後，因為孕期血壓與血糖濃度波動起伏較大，運動前後應記得適當補充水分與熱量，避免因為暈眩或肢體無力導致受傷。倘若在運動過程中發生腹痛或陰道出血等就要立刻停下來，必要時應盡速就醫。

受 孕 小 百 科

缺乏睡眠會增加妊娠糖尿病風險？

據專家估計，台灣妊娠糖尿病的盛行率高達 10%。最新的研究指出，充足的睡眠可能是妊娠糖尿病防治的最後一塊拼圖。

根據《睡眠醫學回顧》（Sleep Medicine Reviews）研究報告指出，每日睡眠少於 6 小時的孕婦有較高的風險罹患妊娠糖尿病。推測可能是因為缺乏睡眠會增加體內的發炎反應，使得受試孕婦的胰島素抗性增加，造成血糖濃度上升。

《美國婦產科醫學期刊》（American Journal of Obstetrics and Gynecology）的研究也指出，懷孕中期後「每日睡眠時間長短」與妊娠糖尿病的發生有關。其中，每天睡 8 至 9 小時的孕婦，妊娠糖尿病的發生率最低，太長和太短都可能增加妊娠糖尿病的發生率。

因此，除了避免過度攝取咖啡因外，睡前也應避免使用 3C 產品，為了妳與寶寶的健康，請收起妳的手機睡個好覺吧！

寶寶的第 27 週

　　胎兒的味覺在各種感官開發後也開始逐漸成形。雖然在子宮裡沒有滿漢全席，但是隨著妳每天的飲食變化，羊水也會擁有各式不同的風味，如果妳愛吃辣，那麼寶寶打嗝的現象會比較常見。當妳品嘗美食後，如果發現胎動變得頻繁，說不定寶寶也十分享受這道佳餚呢！很神奇吧！（腦公，你女兒喜歡吃鹽酥雞！才怪！是妳愛吃吧！）

　　透過品嘗各種不同滋味的羊水（寫到這兒，我肚子都餓了！），對胎兒日後的飲食習慣也有潛移默化的作用；為了不要生出一個「歹嘴斗」的挑嘴小屁孩，懷孕期間也要均衡飲食喔！除了要注意每日飲食的多樣性與減少不必要的食物添加物外，舉凡香菜、茄子、苦瓜、青椒等不易入口的食材，不妨都吃個幾口吧！

我什麼都吃！尤其愛吃手！
Photo by GE

　　到了妊娠 27 週，寶寶的平均體重大約為 875 公克，身長也發育到 37.6 公分了。

第 21 週

第 22 週

第 23 週

第 24 週

第 25 週

第 26 週

第 27 週

第 28 週

第 29 週

第 30 週

 媽媽的第 27 週

　　某天早晨，孕媽咪刷牙後發現自己滿嘴是血，甚至打個噴嚏也發現衛生紙上有血跡，究竟是怎麼一回事？

　　孕期受到荷爾蒙影響，鼻腔黏膜本來就容易充血腫脹，稍有不慎就有可能造成鼻腔出血，尤其是懷孕前就有過敏性鼻炎、鼻瘜肉或慢性鼻竇炎等的孕媽咪尤其明顯。一般只要稍事休息、局部壓迫或冰敷，並定期至耳鼻喉科追蹤孕前疾患，孕期流鼻血的症狀多半會獲得明顯改善。

　　不過，若有牙齦出血千萬別掉以輕心喔！據統計，懷孕中期後，孕媽咪有牙齦腫脹和刷牙時出血等困擾的比例高達 50％。研究已證實，牙周病或齲齒會大幅增加早產、胎兒體重過輕，或是胎死腹中的風險。因此建議孕媽咪要是很久沒有安排定期牙科檢查了，不妨與妳的牙醫師預約看診。

　　牙科 X 光檢查、牙科治療，或是局部麻醉在孕期中執行多半安全，相較於後期容易因為仰躺壓迫血液循環造成不適，如果有牙科相關問題，不妨把握懷孕中期妥善治療。

受孕小百科

空氣污染對胎兒是否有影響？

　　孕媽咪一把鼻涕一把眼淚地走進診間，原來是最近的空氣品質讓人過敏，不禁讓孕媽咪擔心空氣汙染到底會不會對寶寶造成傷害？

　　霾害是空氣汙染中的一種，是由更小的懸浮粒子（particulate matters）所構成，其中包含工業廢氣及汽機車廢氣。

　　霾害也同時含有多種氣體，包含一氧化碳、一氧化氮、二氧化硫及其他揮發性的有機化合物；其微小顆粒能夠入侵最微小的細支氣管，藉由肺部的氣體交換系統進入到人體內部的血液循環中，引起血管內皮細胞的變化及發炎反應，長期暴露會造成孕婦血壓上升、胎盤功能受損及呼吸道不適，導致妊娠高血壓、胎兒體重過輕、早期破水及早產等。

　　孕期應注意：

❶ 防止胎兒受到傷害，注意空氣品質：

在冬春霾害嚴重的季節應每日注意空氣品質，若是居住地區空氣品質於第 7 級或紅色等級以上，應避免外出。

第
21
週

第
22
週

第
23
週

第
24
週

第
25
週

第
26
週

第
27
週

第
28
週

第
29
週

第
30
週

❗ **配戴口罩：**

戶外活動時應配戴醫療用不織布口罩以過濾懸浮微粒；相較於機車及腳踏車，選擇以具有空調過濾系統的大眾運輸工具或是汽車為佳。返家後，也別忘了更換衣物並洗臉、洗手來減少身上所殘留之懸浮微粒。

❗ **使用空氣清淨機：**

在室內時，可利用具高效率粒子空氣過濾器功能（HEPA）的空氣清淨機或是大葉子綠色植物來改善室內空氣品質。此外，家中也應減少燒香、燒金紙，或抽菸等。

❗ **適當運動：**

每日適當的運動也可加強懸浮微粒的代謝能力，但應視空氣品質選擇於室內或室外活動。

▲ 孕期室內運動。

第28週 心悸、胸悶、喘不過氣怎麼辦？

後期

 寶寶的第 28 週

恭喜！妳準備進入孕期的最後階段囉！

寶寶開始會睜開眼睛，並想要瞭解周邊的環境，但每隔一段時間也會小睡 20 ～ 30 分鐘。腦部開始急速發育，身體體積會增加、皮下脂肪也會加厚，為最後的成長階段做準備。隨著寶寶出生的時間越來越近，產檢的間隔也從原本的每月一次增加至兩週一次。如果每次產檢寶寶總是多了 500 ～ 600 公克，除了平日要控制飲食外，也別忘了確認妊娠糖尿病篩檢結果是否正常，以免因為血糖濃度過高，造成巨嬰與後續的併發症。

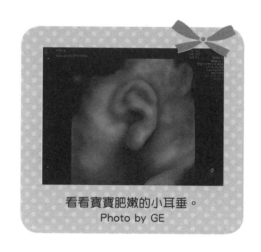

看看寶寶肥嫩的小耳垂。
Photo by GE

可愛寶寶的體重從本週起，正式邁入 1 公斤大關囉！這段期間，胎兒體重增加的速度也越來越快，平均每週大約會增加 100 ～ 200 公克。

第21週

第22週

第23週

第24週

第25週

第26週

第27週

第28週

第29週

第30週

▼ 銀粉補牙實例。

醫師小叮嚀

孕期可以補牙嗎？

進入了懷孕後期，許多孕媽咪總嚷嚷著牙痛。好不容易抽空去看了牙科醫師，才發現齲齒（蛀牙）情況非常嚴重。牙科醫師建議可先清除乾淨後，再補牙治療；但是聽說補牙材料可能對胎兒有害，讓孕媽咪對於牙科醫師的建議始終猶豫不決。

現代牙齒補綴材料的選擇眾多，除了最廣為使用的複合樹脂以外，也有玻璃離子體、3D 齒雕嵌體等材質。早期曾普遍使用的汞齊合金，俗稱「銀粉」，因為填充技術容易，又不怕水，加上硬度接近真牙十分耐用，因此過去不少牙科醫師將其作為補牙首選。由於其中含有汞，長期使用的安全疑慮始終無法排除，但孕媽咪也無須過度擔心。由於複合樹脂兼具美觀與安全，也是健保給付的補綴材料，儼然成為國內目前最常使用的填補材質。

美國食品藥品監督管理局（FDA）針對銀粉的安全問題，特別建議不要使用於孕婦、備孕女性、哺乳婦女、小於 6 歲以下的嬰幼兒、帕金森氏症、阿茲海默症、多發性硬化症，或腎功能異常患者等高風險族群，以免汞毒性的長期累積造成傷害。

銀粉補綴的方式目前在國內已越來越少見。針對過往已經以銀粉補綴的蛀牙，除非因為二次蛀牙需要重新補牙，才須將銀粉移除。倘若補綴部位穩定，卻刻意移除銀粉，過程中反而容易因為鑽磨所產生的高熱，釋放出有毒的汞蒸汽。

因此，建議有蛀牙困擾的孕媽咪，不妨與妳的牙科醫師仔細討論，選擇最適合自己的治療方式，以免因為無謂的擔憂而延誤病情。

媽媽的第28週

懷孕到了後期,肚子開始越來越大囉!這時脹大的子宮會把孕婦的腸胃向上推擠而壓迫到橫膈膜影響呼吸,使孕婦容易覺得呼吸淺快、胸悶不適,在飽餐過後尤其明顯。倘若這時妳還一直坐著或躺著,子宮的壓迫會影響靜脈回流使得血壓降低,讓不舒服的症狀加劇,甚至導致暈厥。

一般建議飯後不要馬上坐著歇息,在體力許可下,可以輕鬆地散步片刻。除了刺激腸胃蠕動、幫助消化、改善脹氣不適外,還可減少腸胃脹氣對橫膈膜的壓迫,避免呼吸不順,對於飯後血糖跟孕期體重控制也有幫助。

坐著或躺著會覺得喘不過氣的孕媽咪,可以嘗試:

- 左側臥的姿勢以減少久坐或平躺時的不適症。
- 平躺時把枕頭置放在雙腿下,讓下肢高度略高於心臟,以幫助血液循環。
- 側臥時在雙腿之間夾一個枕頭,讓置放在枕頭上方的膝蓋和髖部,能被妥善支撐進而放鬆肌肉,有益下肢血液循環的回流。
- 在外活動時突然有上述症狀發生,也先別驚慌,只要先找個陰涼處坐下休息並補充適量水分,不舒服的感覺多半會漸漸舒緩。

孕婦最佳睡姿：左側臥

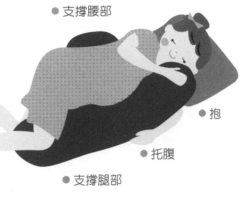

- 支撐腰部
- 抱
- 托腹
- 支撐腿部

平躺時把枕頭置放在雙腿下

- 讓下肢高度略高於心臟，以幫助血液循環。

側臥時在雙腿之間夾一個枕頭

● 雙腿能被妥善支撐進而放鬆肌肉，
有益下肢血液循環的回流。

休息並補充適量水分

● 補充水分。

第 21 週

第 22 週

第 23 週

第 24 週

第 25 週

第 26 週

第 27 週

第 28 週

第 29 週

第 30 週

受孕小百科

肚子老是一陣一陣緊繃是正常的嗎？

　　有些孕媽咪從第 7 個月甚至更早開始，就會時不時地發生下腹部持續數十秒到數分鐘不等的收縮和緊繃感，通常會在休息片刻過後舒緩，且不致於造成腹部劇烈疼痛或者是陰道出血。

　　發作時間容易集中在夜晚、清晨、身體特別勞累、情緒特別激動、憋尿或是性行為過後，這個症狀是所謂的「布雷希氏收縮（Braxton Hick's contraction）」。這個現象代表了子宮的肌肉正在為即將到來的分娩做熱身，與大家所害怕的「早產性收縮」不同。

✽ **布雷希氏收縮**：頻率不太一定，收縮時常是腹部各處東一塊、西一塊的不規律收縮，強度大多不強，鮮少會造成子宮頸的軟化或是擴張，不會伴隨陰道出血的情形。

✽ **早產性收縮**：早產性收縮的頻率則大多不到 10 分鐘就會有一次。常會感受到整個腹部的僵硬不適，並伴隨喘不過氣、腰部酸痛或是強烈便意感。如果腹部緊繃疼痛，在休息或輕微活動過後，症狀仍不見改善，甚至越來越頻繁、收縮越來越疼痛，同時有落紅發生，就要趕緊到醫療院所檢查是否有子宮頸擴張的情形，以便及時安胎，避免早產的發生。

　　以上的陣痛比較只是提供孕媽咪做初步的鑑別分類，實際情況還是要依據個別狀況才能區分。如果不確定時，千萬別自行診斷，一定要盡速就醫。

後期 第29週 雙手為什麼變得又麻又痛？

 ## 寶寶的第29週

寶寶總算揮別了幾週前的「瘦皮猴」模樣了，不僅有胖嘟嘟的臉頰、微微噘起的雙唇，說不定還有一點雙下巴！（吃得太好了？！）

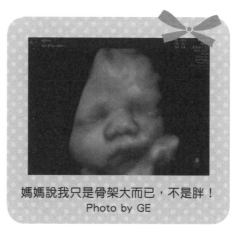
媽媽說我只是骨架大而已，不是胖！
Photo by GE

之前皺巴巴的皮膚也不復見，取而代之的是粉嫩圓潤的小屁屁，這一切都要歸功於皮下脂肪一點一滴的累積！進入後期胎兒的體重將會飛快的增加，妳可別掉以輕心，要繼續堅守均衡飲食紀律，不要在最後關頭前功盡棄囉！

另外，作息規律及睡眠充足對於維持血糖濃度穩定非常重要。建議孕媽咪每晚應盡量睡至少6～8小時，也比較不會因為亂吃宵夜而讓體重失控。適時與適量的運動除了可以維持基本體能外，對於穩定血糖與控制體重也很有幫助，像是每天三餐飯後與另一半相約到附近的公園散步，除了把握所剩無幾的兩人世界以外（以後就會多了一個「小電燈泡」啦！），也可以達到運動健身的目的。

1200 公克的小寶寶是現在最甜蜜的負擔，也讓孕媽咪開始有些腰酸背痛了。所以不妨開始使用妳的托腹帶，讓沉重的感覺稍事舒緩。

媽媽的第 29 週

　　隨著懷孕週數越來越大，妳可能覺得手越來越痠痛麻木，為什麼會這樣？其實，這是後期常見的「腕隧道症候群」，由於女性的骨架結構窄小，手腕中的隧道結構管徑比較狹窄，一旦縱橫其中的神經受到壓迫，就容易發生手指酸麻疼痛的症狀。

　　懷孕以後因為周邊組織水腫，使得腕隧道內的壓迫惡化，如果妳本身又是頻繁使用手腕動作或是需要長時間維持手腕單一動作的人，例如電腦工程師、廚師或是全職家庭主婦，症狀就會更加顯著。

　　雖然雙手不適的症狀可能反覆發生持續至生產，但隨著產後水腫消退，通常在產後 2～3 個月會逐漸好轉。但在哺育母乳與照料新生兒的同時，仍要注意維持正確的姿勢與適當休息，以免產後再次復發。其他注意事項還有：

● **不要長時間使用手腕：**

每 30 ~ 40 分鐘讓手休息一下，藉由伸展或按摩來放鬆肌肉。

● **熱敷手腕：**

有空的時候可以熱敷手腕或將手浸泡在溫熱的水中，一方面改善血液循環、舒緩水腫，另一方面也能幫助手腕肌肉的放鬆及止痛。

● **尋求復健治療：**

如果症狀不見舒緩，建議尋求復健科醫師的協助，利用口服藥物、局部注射類固醇、副木或護具固定，以及物理治療來緩解症狀。

受 孕 小 百 科

臍帶繞頸會危及胎兒的生命嗎？

根據英國「婦產科超音波學期刊」（Ultrasound in Obstetrics and Gynecology）的數據分析發現，在胎死腹中的個案中，上行性感染以及前胎胎死腹中是主要的確診死因及危險因子；而在死產的個案中，則以胎盤因素（包含胎盤剝離、胎盤結構異常及胎盤功能不佳）為最主要的確診死因及危險因子。值得注意的是，聲名狼藉的臍帶意外（臍帶打結或臍帶繞頸）所造成的不幸個案僅僅占總數的不到 1%。

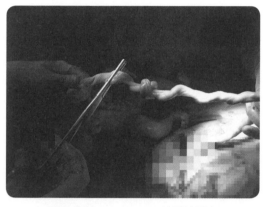

▲ 臍帶打結。Photo by 曾翌捷醫師

　　另外，由孕產婦的年齡來看，小於 35 歲的孕婦有比較高的胎兒死因歸因於上行性感染；超過 40 歲的孕婦則以胎盤因素、先天胎兒異常為主要。此外，有 37％的個案在產檢過程中發現有發育遲緩的跡象。

　　因此懷孕過程中除了臍帶繞頸外，也要留意是否有不正常的陰道分泌物、腹痛及發燒情形，以便即時對潛藏的上行性感染進行治療。

　　此外，寶寶的體重發育、胎動頻率，及羊水量的多寡也是產檢過程中不容忽視的重要指標。若是有疑似胎兒發育遲緩的跡象，應進一步評估胎盤功能，以便決定何時為最佳生產時機。

 ## 寶寶的第 30 週

　　為了讓腦部的發育更上一層樓,胎兒大腦皮質的平滑表面漸漸出現了皺褶;其中,突出而平坦的部分稱為「腦迴」,腦迴與腦迴之間的凹槽,被稱為「腦溝」。透過大腦皮質表面的皺褶構造,可以讓大腦皮質的表面積擴大,容納更多的腦細胞,以進一步提升大腦功能。

　　藉由腦部神經元的緊密連結,胎兒的表情也會越來越豐富,時而微笑,時而皺眉,有時候前一晚玩了整夜後,隔天產檢時還會被捕捉到打哈欠的表情呢!

　　這階段會開始出現頻繁的胎動,為了即時掌握胎兒的情況,妳每天都應該注意胎動的情形——三餐飯後或晚上睡前是最容易察覺到胎動的時機,一般又以平躺的姿勢最容易感受到胎動。

利用 2D 超音波評估胎兒腦部構造。 Photo by GE

　　胎動的強弱多寡與孕婦的身材條件以及主觀感受有關,不用太拘泥於數字的多少,以免造成不必要的恐慌;但是如果發現胎動完全消失或是與平日明顯不同,特別是高危險妊娠的孕媽咪,不妨移駕婦產科門診一趟,以便進行詳細檢查。

第21週

第22週

第23週

第24週

第25週

第26週

第27週

第28週

第29週

第30週

寶寶有多大?

寶寶的身長在這一週來到了約 40 公分囉!體重也大約來到了 1300 ～ 1400 公克。如果孕媽咪飯後覺得肚皮的緊繃感越來越難受,不妨起身活動片刻會覺得好一些喔!

媽媽的第 30 週

當懷孕週數越來越大,肚子沉重的壓迫常讓妳舉步維艱,甚至只能雙腳開開地像企鵝一樣慢慢走。

為了增加骨盆的空間來容納日趨成長的寶寶,並讓寶寶能在自然生產時順利通過骨盆,孕婦體內會分泌荷爾蒙來幫助放鬆恥骨聯合處的關節與韌帶,而到了後期,胎兒與日俱增的體重更加重了骨盆擴張的趨勢。這時會造成成恥骨及胯下嚴重疼痛,有時甚至會往外延伸到腹股溝或髖關節處,尤其當孕媽咪步行、上下樓梯、穿褲子和起身行走時。

　　為了減少疼痛，孕媽咪往往會雙腳開開地緩緩步行，這就是大家所熟知的「恥骨聯合痛」，常見於身材嬌小、孕期體重增加過多，或是骨盆曾經受傷的孕媽咪身上。

- 當恥骨聯合痛發生時，可以冰敷減輕不適。

- 平時預備久站或久走時，不妨先使用托腹帶支撐腹部，再緩慢起身以減少疼痛。

- 平日應以舒適柔軟的平底鞋為佳，穿著高跟鞋容易讓重心前傾集中在腳尖處，使恥骨負荷加重讓症狀加劇。

- 如果疼痛難以改善，可諮詢復健科醫師，評估是否需要開立口服藥物或是安排物理治療以減輕不適。

　　一般恥骨聯合痛在分娩後多半會逐漸改善，但要是產婦有產程遲滯或使用器械（產鉗或真空吸引術）來輔助生產時，不適症狀則有可能會長達數月之久，請孕媽咪務必依照醫師指示，耐心治療並按時回診追蹤。

受 孕 小 百 科

購買居家胎心儀是否可監測胎心音，
注意胎兒的健康？

　　胎心音監測已被廣泛地利用於監測胎兒心跳及整體狀況的評估，透過 20 分鐘的連續胎心音記錄曲線、子宮收縮監測及胎兒活動的記錄加以分析判讀，可幫助評估胎兒的情況是否穩定。那麼孕媽咪是否可自行購買市售的居家胎心音監測器時時監測寶寶的健康呢？

　　目前市售的居家胎心音監測器，應稱為掌上型胎心音多普勒（Doppler）儀，其功能僅限於即時監測胎心音速度，無法記錄連續的胎心音數據曲線，因此僅能提供有限的臨床資訊。

　　加上一般孕媽咪缺乏相關訓練，容易因為遍尋不著寶寶的心跳，造成不必要的擔憂；或是當疑似胎心音減速發生時，無法區分讀取到的是媽媽或是胎兒的心跳而錯過送醫良機，所以英國的母嬰親善團體甚至希望政府能立法禁止居家胎心儀的販售。

　　其實母胎之間的奇妙聯結，就是最好的胎兒監視器，只要每日抽空注意寶寶的胎動狀況，也能提供疑似胎兒不適的重要線索喔！

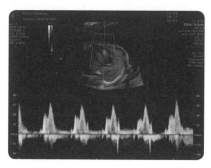

▲ 利用超音波測量胎兒心跳。
Photo by GE

老是漏尿，滴滴答答真煩惱！

 寶寶的第 31 週

　　由於胎兒日漸豐厚的皮下脂肪和大腦維持體溫恆定的功能完備，原本覆蓋在寶寶全身的細緻胎毛，開始功成身退、逐漸脫落。不過有些胎毛可能一直持續到胎兒出生以後，主要集中在新生兒的肩膀與背部等處，待出生滿月以後才會完全掉落。

　　在羊水的襯托下，超音波檢查時，我們也有機會看到胎兒的頭髮像水草一樣地飄動著。寶寶的髮量是茂密還是稀疏呢？再耐心等待幾週，謎底即將揭曉囉！

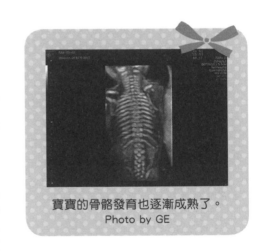

寶寶的骨骼發育也逐漸成熟了。
Photo by GE

　　另一方面，胎兒的生殖器官發育也邁入了新的階段。男寶寶的睪丸將沿著腹股溝向陰囊下降，如果數週後仍未就定位，則要注意「隱睪症」的可能，出生後需要密切追蹤。女寶寶的陰蒂仍被小陰唇所覆蓋，僅隱隱約約地突出些許，但體內的子宮、輸卵管及卵巢等結構已大致發育完全；若有異常囊腫或是空腔出現，則建議出生後安排更進一步的檢查以評估結構是否有異樣。

寶寶有多大?

1.5 公斤的寶寶對每位孕媽咪都是不小的負擔,加上羊水跟胎盤的重量。整個子宮已經重達兩公斤了,這時候要記得姿勢變換千萬要慢慢來,小心別受傷了。

媽媽的第 31 週

從後期開始,只要大笑、咳嗽、搬重物或爬樓梯時,有些孕媽咪就會無法控制地漏尿。這些症狀不僅嚴重影響社交生活,還會因為長期使用護墊而不太舒服,會不會在生完孩子後都不見改善呢?

到了懷孕後期,胎兒和母體所增加的體重,都會對骨盆底的肌肉群造成沉重的負擔。如果骨盆底肌肉不堪負荷,就會在腹壓增加時不由自主地漏尿讓孕媽咪困窘萬分。

為了避免尿失禁,一般會建議孕婦控制體重,以減輕骨盆底的負擔。另外,當上述症狀發生時,醫師會先進行尿液檢驗,以排除泌尿道感染的問題。如果症狀仍然不見改善,就會衛教「凱格爾運動」。

根據研究,進行凱格爾運動,可有效減低孕前及產後尿失禁的發生率,對日常的生活品質也有改善。至於自然產或剖腹產,並非影響產後尿失禁的關鍵因素,因此不需為此改變生產方式。

倘若產後仍有尿失禁的情形，可待傷口恢復完全後，先以凱格爾運動復健，症狀多會大幅改善。假使產後 3 個月，漏尿的情況仍不見起色，也別自己默默承受，可先諮詢婦產科醫師，利用骨盆底復健課程、陰道雷射甚至手術修補來治療。

 備孕小叮嚀

孕期體重過輕也不能掉以輕心

隨著社群網站上瘋傳各大網路紅人與偶像明星的美麗孕婦寫真，苗條纖細的身材似乎成了時下孕媽咪信奉的時尚指標，也讓「養胎不養肉」成了婦產科診間和各大孕媽咪社團裡的熱門話題。

根據美國醫學會雜誌（Journal of the American Medical Association，JAMA）的研究發現，體重過輕（BMI 值小於18.5）妊娠併發症的比例不亞於重度肥胖（BMI 值介於 35 ～39.9）的孕婦，其易發生的併發症分別為敗血症、需要輸血治療的產中／後大出血及急性腎臟衰竭。

研究團隊認為，可能是因為體重過輕的孕婦有相對較高的貧血比例，導致面對產褥期出血的耐受度較低，因而有比較高的敗血症發生率及因出血性休克導致的急性腎臟衰竭。

因此，懷孕期間建議依照孕前體重的不同來調整體重的增加幅度，不要為了愛美犧牲了自己與寶寶的健康（請參見P152）。另外，體重過輕的孕媽咪，也別忘了按時服用綜合維他命，以免孕期貧血情況加劇，造成生產時不必要的風險。

第 31 週

第 32 週

第 33 週

第 34 週

第 35 週

第 36 週

第 37 週

第 38 週

第 39 週

第 40 週

後期 第32週 胎位不正怎麼辦？

 ## 寶寶的第 32 週

進入妊娠晚期，胎兒的睡眠週期也開始慢慢建立。雖然可能受到外界的干擾或孕媽咪飲食作息的影響，但母胎之間大致是完全獨立的，所以只要稍微用心觀察，妳應該可以會發現胎兒規律的活動或是安靜時段，並藉以判斷寶寶是否已經建立固定的睡眠週期。一般來說，當妳休息或是準備入睡時，可能因為專注於胎兒的動作或是平躺休息，胎動會比較明顯。

另外，妳可能也會注意到，就寢時如果由平躺的姿勢轉為左側睡，胎兒的活動量會明顯增加，而擔心胎兒是否受到壓迫故顯得躁動不安？事實上，恰好相反！當孕媽咪由平躺的姿勢轉為左側睡時，因為胎兒重量對下腔靜脈回流的壓迫解除，讓子宮的血液灌流量瞬間大增，對寶寶而言就像呼吸到新鮮空氣一樣，所以會精神一振變得特別活躍，才會有「孕媽咪盡量左側睡」的說法。

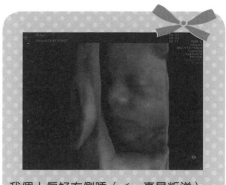

我個人偏好右側睡（＜＝真是叛逆）。
Photo by GE

不過，每位孕媽咪的身材條件不同，習慣的睡姿也有所差異，因此還是以舒適安全為原則，尋找最適合自己的睡姿。

一轉眼，寶寶的身長已經來到了42公分左右。這時候要在媽媽的子宮裡改變位置，恐怕越來越難，希望寶寶乖乖躺好，頭部朝下。不但讓孕媽咪有機會自然生產，也不會因為胎位不正造成諸多不適，而平均約1.7公斤的體重也讓寶寶不容小覷呢！

 媽媽的第32週

一轉眼，孕期滿8個月了。可是最近一次的產前檢查，婦產科醫師發現寶寶的胎位還沒轉正，聽到這個消息，讓一心想要自然生產的妳有點不知所措。

懷孕前期因為胎兒身形較小，加上子宮內羊水充足空間相對寬闊，所以寶寶的胎位處於經常變動的狀態；到懷孕8個月，受到重力和子宮形狀的影響，胎頭多半已經轉下；如果這時胎位還沒轉正，就要密切追蹤後續胎位的變化來決定生產方式。

不過，如果聽到胎位還沒轉正，也先別太著急，可藉由「膝胸臥式」來矯正胎位：

第31週

第32週

第33週

第34週

第35週

第36週

第37週

第38週

第39週

第40週

「膝胸臥式」矯正不正常胎位

方式

step1 首先,先尋找一處鋪有軟墊,平坦通風的地方。

step2 進行擺位前記得先如廁排空膀胱,並鬆開褲頭或穿著寬鬆的褲子以利練習。

step3 以雙膝著地、分開至肩同寬。

step4 接下來在雙手的輔助下,將胸口慢慢貼近地面成一俯臥的姿勢。

step5 同時將臀部抬高並維持姿勢不動。

step6 時間長度可視情況從 2 ～ 3 分鐘,逐漸延長到 5 ～ 10 分鐘。

注意!

過程中,如果有喘不過氣、腹痛,甚至陰道出血時,休息後不見改善請儘速就醫。如果操作過程無任何不適,狀況許可下一天可做 2 ～ 3 次來幫助胎位旋轉。另外,平時多多散步或是以左側臥的姿勢休息也可幫助胎位矯正,或者也可以諮詢專業婦科中醫師,以艾灸熱薰足部的特定穴位。

　　如果上述方法都不見成效，有些婦產科醫師會視孕媽咪的條件提供「胎位外轉術」的建議。雖然此項技術安全性高，但仍具有一定的風險，執行前務必與妳的婦產科醫師多加討論。

　　倘若試遍各種方法，胎位仍然無法轉正，為避免自然生產時的併發症（如胎兒頭部卡住或是臍帶脫垂）多建議以剖腹生產的方式較為安全。

受 孕 小 百 科

生產方式的選擇：
自然生產或剖腹生產，哪種好？

　　晝夜不休的努力、刻骨銘心的疼痛與此起彼落的加油聲，這熟悉的場景是在產房每天都固定上演的長壽劇。然而，努力不一定可以帶來收穫；自然生產轉剖腹生產，是每位孕媽咪最害怕的「吃全餐」，也是產房最讓人失望的結局之一。

　　研究指出，自然生產對母嬰有許多好處。不僅相對於剖腹生產有較低的孕產婦死亡率，母體恢復速度也快，而寶寶在經歷自然生產的擠壓後，肺部的羊水排除也較為順利，有利出生後的呼吸、減少未來肥胖機率並增加新生兒益生菌的補充等。

　　然而，在考慮生產方式的同時，許多孕媽咪會忽略自然生產的產程中有諸多意外，如產程不順仍有可能轉為剖腹生產、產械使用與宮底擠壓造成的不適及嚴重產道撕裂傷等。因此，孕媽咪若希望能如願自然生產，除了由專業醫師評估狀況外，控制孕期體重、適度運動以維持肌耐力，使用輔助措施（自由體位、產球或是減痛分娩）以加速產程或節省體力都是不可或缺的重要關鍵。

　　當母胎狀況不適合、不安全或不穩定時，剖腹生產就扮演了救援投手的角色。根據國民健康署統計，台灣近 5 年的剖腹產率約為 36 ～ 38%，除常規剖腹產率逐漸增加外，自然生產轉剖腹占的比例也逐年增加，大概與高齡及新生兒出生體重增加、使用胎兒監測以及避險相關。

　　為了母嬰平安，有時不得不放棄自然生產，因為「母子均安比生產方式更重要」。所以，請放寬心情，讓我們一起為妳們初次見面的那一刻努力。

▲ 適度運動控制孕期體重。

寶寶的第 33 週

　　胎兒的體重在本週也正式突破 2 公斤了。據統計，大約九成的寶寶這個時候已經處於胎頭朝下的姿勢，準備慢慢下降進入骨盆；至於胎位還沒轉正的孕媽咪也先別焦慮，只要按照產檢醫師的建議繼續嘗試矯正胎位，時間還相當充裕，請繼續加油。

　　進入後期，胎兒的骨髓也開始建立屬於自己的造血系統。除了紅血球、白血球及血小板等製造外，來自母體的抗體也經由胎盤進入寶寶的體內，成為胎兒免疫系統不可或缺的重要部分；其中，透過母體接種疫苗所生成的抗體尤其重要，如流行性感冒疫苗，百日咳疫苗，及新冠肺炎疫苗。

媽媽加油！！！
Photo by GE

　　這些抗體進入胎兒體內後，會持續發揮保護作用直到新生兒出生後約 6 個月，讓寶寶在尚未完成疫苗接種期間，仍有基本的免疫力。由於疫苗安全性高而且效果穩定，因此建議無相關疫苗過敏史的孕媽咪在孕期與產檢醫師討論是否接種上述疫苗，以提供新生兒更全面的防護。

寶寶有多大?

恭喜孕媽咪!本週寶寶體重正式邁入 2 公斤大關了。看著超音波照片上顯示的預估體重,妳心中是不是有著滿滿的成就感呢?加油!再堅持一下吧!

孕期建議接種的疫苗

疫苗種類	接種時機	接種費用	常見副作用
流行性感冒疫苗	任何週數（滿 3 個月後尤佳）	公費接種（約每年 10 月後開放接種）	發燒,頭痛,肌肉痠痛,及類似感冒的症狀。
新冠肺炎疫苗	任何週數（滿 3 個月後尤佳）	公費接種（視疫情需要及疫苗到貨狀況）	接種處疼痛,發燒,頭痛,肌肉痠痛等症狀。
百日咳疫苗	妊娠滿 20 週以上（28 ～ 36 週尤佳）	自費接種約 1500 ～ 2000 元不等	接種處疼痛,手臂痠軟無力。

媽媽的第 33 週

難得一夜好眠，正當妳伸懶腰準備下床刷牙時，突然發現陰道好像有一陣熱流流出，脫下內褲檢查，發現是一些透明分泌物，心裡不禁納悶「該不會破水了吧？」

懷孕後期隨著荷爾蒙的影響，孕媽咪的陰道分泌物會稍微增加，多半呈現透明、無味，類似蛋清的黏稠度；如果穿著悶熱或抵抗力下降就很容易併發陰道發炎，而使分泌物呈現白色豆腐渣、黃綠色帶有魚腥味、或是透明泡泡的水狀分泌物。

通常這些分泌物會在姿勢改變時會大量流出，所以當起床、從座位站起或是蹲下用力時，會特別容易注意到有液體從陰道流出，與破水不同的是，這些分泌物多半在擦拭清理後減少。

但是當破水發生時，不論躺著、坐著或是站著都會不間斷地持續流出。一般在門診有些孕婦會詢問是否有高位破水的可能，雖然這樣的情形不多見，但是透過檢查多半能夠清楚區分兩者之間的差異。一般破水多呈現為瞬間的大量陰道水狀分泌物，不管孕媽咪如何擦拭都會源源不絕地流出；另外，在破水以後，規律的陣痛往往隨之而來。因此建議一旦有疑似破水的情況發生，孕媽咪務必盡速就醫。

第
31
週

第
32
週

第
33
週

第
34
週

第
35
週

第
36
週

第
37
週

第
38
週

第
39
週

第
40
週

　　反觀高位破水的症狀，常常因為破水位置位於子宮腔上半部，陰道水狀分泌物的出現經常似有若無；肚子痛的情況也不明顯。醫護人員需要利用破水試紙或是以陰道撐開器直接目視才能準確判定。

　　所以當孕媽咪有上述情形發生時，建議應立即就診檢查。如果只是虛驚一場，也會仔細檢查成因，並加以處理。例如診斷為陰道發炎時，會建議先使用藥物治療，以免因感染擴大造成早產性陣痛或是早期破水的發生。不過萬一確診是破水，便要立刻住院，並依妊娠週數與胎兒情形決定後續處理方式。

▲ 破水試紙。
Photo by 曾翌捷醫師

石蕊試紙勿擅用，以免延誤就醫時機

懷孕期間，因為體內荷爾蒙變化容易讓陰道分泌物增加，且隨著週數漸增，也容易造成孕媽咪在大笑或負重時漏尿，而造成私密處潮濕。因擔心無法與破水辨別，有些孕媽咪會上網購買大家推薦的「石蕊試紙」在家使用。

一般為了辨別是否破水，醫護人員多半利用陰道分泌物與羊水酸鹼值的差異以石蕊試紙來區分破水與否。近年來，也有新一代的產品可以偵測羊水中特有的蛋白質以更準確地分辨破水，但是美國食品藥物管理局（Food and Drug Administration；FDA）警示，醫護人員在評估破水時需謹慎使用破水測定的相關產品。

在測定是否破水時，血液、胎糞、藥膏、塞劑、潤滑液及爽身粉都有可能會干擾測試的結果而造成誤判。此外，胎膜的癒合或是胎頭的壓迫也可能造成破水的現象暫時消失而影響臨床判斷。因此，除了使用破水測定的商品以外，也要進行母胎的完整評估以免延誤處置，一般媽咪則千萬不要在家自行以破水試紙測定或是上網隔空問診，以免延誤就醫時機。

後期 **第34週** 前置胎盤是什麼，危險嗎？

第 31 週

第 32 週

第 33 週

第 34 週

第 35 週

第 36 週

第 37 週

第 38 週

第 39 週

第 40 週

 寶寶的第 34 週

除了肺部與腦部的發育可能還需要多一點時間外，胎兒的其他構造大多已準備就緒。萬一在這個時候早產，除了體質特別虛弱或是體重特別嬌小的寶寶外，在台灣多半都有不錯的預後。儘管突發狀況的發生非我們所願，但「既來之，則安之」，請孕媽咪與家人先別自亂陣腳，只要按部就班地與醫療團隊全力配合，相信寶寶一定能夠健康成長。

相較於胎兒日漸成長的體型，子宮內的空間顯得越來越狹窄。一些比較激烈的胎動，甚至在孕媽咪的肚皮上清晰可見，有些翻身顯得「暗潮洶湧」，而有些懶腰又伸得「一枝獨秀」。雖然有時可能造成孕媽咪些許不適，不過只要沒有腹部疼痛或陰道出血等危險跡象，稍事休息後症狀有改善皆安全無虞。但是也有寶寶天生神力，一腳踢破羊水，準備奪門而出，那就是另一個故事了（絕對真人真事）。

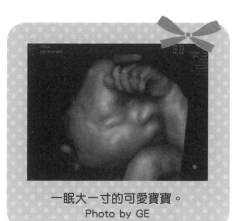

一眠大一寸的可愛寶寶。
Photo by GE

胎兒的各大器官幾乎都已發育成熟了，預估體重也達到 2200 公克左右。

媽媽的第 34 週

　　從懷孕中期開始，就被婦產科醫師提醒可能會有前置胎盤的情況，平時要注意有沒有陰道大量出血，到底什麼是前置胎盤呢？

　　胚胎著床後，胎盤的構造就開始逐漸成形。落腳的位置有可能在子宮的前後壁、側壁或者是子宮底。隨著子宮下段的發育，胎盤的位置會依妊娠週數逐漸上移，一般在懷孕 30 ～ 34 週後會就定位不再移動。所謂的「前置胎盤」，指的是懷孕後期，胎盤的位置仍然覆蓋在子宮頸內口上或非常接近子宮頸內口，依距離的遠近又區分為完全性、部分性、邊緣性以及低位胎盤四種。

　　目前造成前置胎盤發生的原因仍然不太清楚，不過可能與經產婦、過去有剖腹生產、接受過子宮手術及子宮構造異常等因素有關。雖然前置胎盤發生的機率不高，不過因為可能併發嚴重後果，所以一直是產檢時的重點檢查項目。

　　在診斷為前置胎盤後，首先要先仔細評估是否有合併「植入性胎盤」。若合併植入性胎盤會加重產時併發症的風險，通常建議轉診至醫學中心生產。此外，前置胎盤建議以剖腹生產為主，而且須提防產後大出血的發生。孕媽咪與家人也應提高警覺，若在預定手術的時間前，發生陰道大量出血的症狀，請務必盡速就醫。

前置胎盤的分類

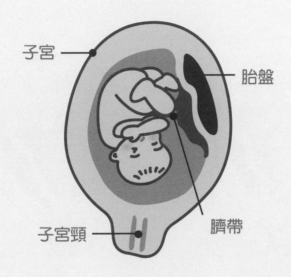

子宮

胎盤

臍帶

子宮頸

正常胎盤

正常的胎盤位置會
在子宮腔前壁、後
壁或頂部。

前置胎盤的分類

低位性前置胎盤

胎盤位置較低，且
離子宮頸內口近。

邊緣性前置胎盤

胎盤靠近子宮頸內
口邊緣，日後可能
會因為子宮收縮而
導致出血。

第
31
週

第
32
週

第
33
週

第
34
週

第
35
週

第
36
週

第
37
週

第
38
週

第
39
週

第
40
週

最危險！

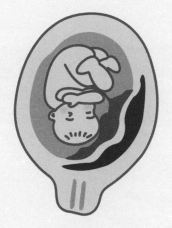 

部分性前置胎盤

胎盤覆蓋住部分的
子宮頸內口。

完全性前置胎盤

胎盤完全覆蓋住子
宮頸內口，有前置
胎盤的孕媽咪大部
分為完全性前置胎
盤。

受 孕 小 百 科

孕期體重增加有一定的標準嗎？

孕期體重增加的標準取決於孕媽咪孕前的體重。

✽ 纖細：一般建議以增加 10 ～ 12 公斤為標準。

✽ 豐腴：盡量以不超過 10 公斤為限。

孕期體重增加指引		
懷孕前的身體質量指數 (BMI)*	建議增重量 （公斤）	第二與第三期每期增加體重 （公斤／週）
＜ 18.5	12.5 ～ 18	0.5 ～ 0.6
18.5 ～ 24.9	12.5 ～ 18	0.5 ～ 0.6
25.0 ～ 29.9	12.5 ～ 18	0.5 ～ 0.6
≧ 30.0	12.5 ～ 18	0.5 ～ 0.6

* 身體質量指數 BMI= 體重（公斤）/ 身高 ^{2}（公尺 ^{2}） 參考資料：美國婦產科醫學會 (ACOG)

懷孕胎數	建議增重量 （公斤）	12 週後每週增體重 （公斤／週）
雙胞胎	總重 15.9 ～ 20.4	0.7
三胞胎	總重 22.7	

參考資料：美國膳食營養學會 (Academy of Nutrition and Dietetics)

資料來源：衛福部孕產婦關懷網站
https://mammy.hpa.gov.tw/Home/NewsKBContent?id=973&type=01

第
31
週

第
32
週

第
33
週

第
34
週

第
35
週

第
36
週

第
37
週

第
38
週

第
39
週

第
40
週

　　然而，對於一時口腹之慾的放縱所造成的體重失控，目前仍不建議採取減肥或是節食的激烈手段，以免影響胎兒的營養需求。那麼，該怎麼樣才能讓體重「穩定增加」呢？

❀ **熱量攝取**：在懷孕初期，每天的熱量攝取不需增加，建議控制在 1500 到 1800 大卡左右即可。到了懷孕中、後期，每天熱量其實也只需要比平日增加約 300 大卡，也就是大約一碗白米飯就足夠，並不像多數人認為的「一人吃，兩人補」。

❀ **用餐方式**：建議以少量多餐為主。一方面可以減少吃太飽帶來的腹脹噁心，另一方面也可藉由拉長用餐時間帶來飽足感。此外，與家人的溝通也很重要，對於長輩們的愛心投餵，不妨用來慰勞另一半。

❀ **運動方式**：在懷孕初期，若是狀況穩定，建議先以散步為主；隨著週數進展，再循序漸進地增加強度進行有氧運動，如快走、游泳、孕婦瑜珈或是室內健身車都是不錯的選擇。應盡量避免有劇烈震動或是可能受到撞擊的運動，以免造成破水或導致胎盤受傷。

　　至於運動的強度則以一邊進行一邊聊天、不會喘不過氣為基準，依照妳的體能條件慢慢增加，以避免心肺的負擔過大。到了懷孕後期，親朋好友所建議的爬樓梯，爬坡及青蛙蹲則應量力而為，畢竟孕期增加的體重可能會對膝蓋造成極大的負擔。

乙型鏈球菌篩檢，內診檢查好可怕？！

 寶寶的第 35 週

為了能夠順利通過產道，胎兒頭顱骨之間仍保有一定的緩衝空間，讓頭顱的形狀能夠因應產道的寬度做出些微調整，卻又不傷及深藏在其中的柔軟腦部組織。從本週起，產檢頻率也多縮短為一週一次，以密切追蹤寶寶的頭圍是否過大，胎頭位置與角度是否正確，以及預估體重是否過重，以決定是否順其自然，等待產兆發生；抑或是安排催生以減少因胎兒過大，使得自然生產轉為剖腹生產。

自然生產時，胎頭經過產道的擠壓，頭顱形狀可能會有些許的改變，但大多在生產後會自行恢復，倘若生產時使用「器械助產」，可能會延長恢復所需的時間；但在嬰兒室與小兒科醫師的細心照料與密切觀察下，新生兒大多健康無礙，不需緊張。出院返家後也切勿因為求好心切給予按摩或塑型，以免弄巧成拙。

如果孕媽咪飲食得宜，以每週大約 100 ～ 200 公克的成長幅度來算，寶寶這一週的平均體重大約為 2400 公克。不過，要是孕媽咪試吃彌月蛋糕跟月子餐的次數太過頻繁，恐怕就很難控制寶寶的體重囉！還是記得要小心忌口喔！

第
31
週

第
32
週

第
33
週

第
34
週

第
35
週

第
36
週

第
37
週

第
38
週

第
39
週

第
40
週

 ## 媽媽的第 35 週

一轉眼就懷孕 35 週了，只剩下最後幾次產檢就要順利「卸貨」了。本週需要上內診台檢查「乙型鏈球菌篩檢」，可別太緊張了。

由於台灣女性約有 1／5 在陰道帶有高濃度的乙型鏈球菌，在新生兒通過產道時有可能傳染給寶寶造成嚴重的感染而併發敗血症、肺炎，或腦膜炎等疾病。因此，在妊娠 35 ～ 37 週的產檢需執行乙型鏈球菌篩檢，以評估是否需要在待產時施打抗生素。

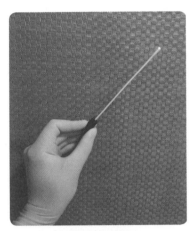

▲ 乙型鏈球菌檢查的專用棉棒。
Photo by 曾翌捷醫師

乙型鏈球菌篩檢的過程也非常簡單，只要以專用棉棒在孕婦的陰道及肛門採檢，隨即完成檢查，接下來只要靜待 1 ～ 2 週，等檢測報告出籠再決定後續步驟即可。

另外，在檢查的同時，婦產科醫師也會目測孕婦的生殖器外觀有無可疑病灶，例如疱疹或菜花等傳染性疾病，以免新生兒在經過產道時不幸感染。

　　最後，也會依照產檢醫師的習慣，決定是否進行陰道內診，特別是針對身材特別嬌小、胎兒預估體重較大或骨盆狹小或是曾受過傷的產婦，以便選擇適合的生產方式及作為待產時產程進展快慢的參考依據。執行內診時，一般只要孕媽咪放鬆身體，配合醫師的指示動作，多半不會有明顯不適。

受 孕 小 百 科

極端高溫恐對胎兒有害

　　環境健康觀點期刊（Environmental Health Perspectives）最新的研究指出，極端高溫的暴露，特別是第二或第三孕期會增加胎兒體重過輕的風險。

　　研究發現，氣溫過高會提高低體重新生兒的發生率，足月新生兒的體重也可能會減少約 15 克左右。類似的研究還指出，暴露在高溫下除了容易增加初期流產與畸胎的風險外，也可能會影響性別比率或胎死腹中的發生率。

　　此外，由於受到體內荷爾蒙與基礎代謝率上升的影響，使得孕婦體溫較孕前增加；萬一在孕期又過度增重，更容易因體表脂肪增加而導致散熱不易。因此，建議孕媽咪於外出活動前，應多留意當天的「酷熱指數」，當指數大於 41 的警戒值時，應儘量減少外出。

第 31 週

第 32 週

第 33 週

第 34 週

第 35 週

第 36 週

第 37 週

第 38 週

第 39 週

第 40 週

| 酷熱指數(℃) | | | | | | | | | | | | | |
| 相對溫度(%) | | | | | | | | | | | | | |
溫度(℃)	40	45	50	55	60	65	70	75	80	85	90	95	100
47	58												
43	54	58											
41	51	54	58										
40	48	51	55	58									
39	46	48	51	54	58								
38	43	46	48	51	54	58							
37	41	43	45	47	51	53	57						
36	38	40	42	44	47	49	52	56					
34	36	38	39	41	43	46	48	51	54	57			
33	34	36	37	38	41	42	44	47	49	52	55		
32	33	34	35	36	38	39	41	43	45	47	50	53	56
31	31	32	33	34	35	37	38	39	41	43	45	47	49
30	29	31	31	32	33	34	35	36	38	39	41	42	44
29	28	29	29	30	31	32	32	33	34	36	37	38	39
28	27	28	28	29	29	29	30	31	32	32	33	34	35

▲ 酷熱指數溫度表。
Photo by 衛生福利部國民健康署網站

　　處於戶外時，也要多注意是否有頭暈、呼吸急促、心跳加快等不適症狀；同時也別忘了選擇陰涼且通風良好之處歇息，並減少衣物的覆蓋，必要時，也可以平躺並將腳抬高以改善血液循環。另外，補充水分與電解質也可降低熱傷害的影響，並運用冷毛巾、冰袋或噴霧器以協助體表持續降溫。

 寶寶的第 36 週

很快地，即將邁入孕期最後一個月，接下來的幾週，胎兒成長的腳步將會放慢，因為此時的身長跟體重已經與新生兒相差無幾。不過要是孕媽咪掉以輕心，體重計上還是會出現驚人的漲幅。（對！就是妳的體重！）

由於胎兒保暖的機制已大致完備，所以原本覆蓋在寶寶身上的胎毛與胎脂也將隨著預產期的到來慢慢脫落。在寶寶混合著羊水吞入腸胃以後，上述物質會與淘汰的腸胃黏膜組織與膽汁混合，形成墨綠色的「胎便」。絕大多數的胎兒會在出生後才將胎便排出，僅有少部分的胎兒會因為「過期妊娠」或是「胎兒窘迫」等因素在羊水即先行排出，不過由於胎便本身無菌，所以不需太過擔心。

但是如果孕婦本身羊水過少造成胎便濃稠，就要密切注意萬一新生兒在分娩的同時吸入大量胎便，有可能造成氣管及支氣管阻塞，使得寶寶的呼吸會比較費力。情況嚴重時，甚至會建議立刻安排住院，以便進行更進一步的檢查與治療，以免寶寶因為缺氧或吸入性肺炎而有生命危險。

在即將邁入最後一個月的此時，寶寶的體重已經達到 2600 公克左右，身長也來到了 47 公分上下。就剩下最後一個月了！讓我們一起堅持下去吧！

媽媽的第 36 週

　　定期產檢現在開始變成一週一次囉！是不是很期待見到寶寶呢？寶寶最近的胎動好像變得比較微弱，為什麼呢？

　　到了懷孕後期，因為胎兒的體積越來愈大，侷促的空間有時會讓寶寶的胎動從以前的拳打腳踢、手舞足蹈，變成偷偷摸摸、磨磨蹭蹭。這時候，除了以超音波檢查評估寶寶狀況、羊水多寡及胎盤功能以外。胎心音監視器就是醫師常用的另一項工具。

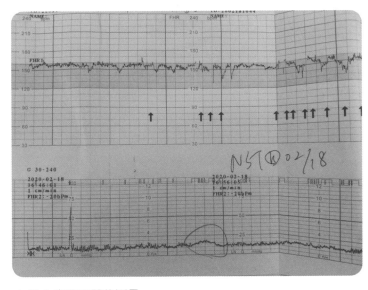

▲ 胎心音監視器的測量。
Photo by 曾翌捷醫師

　　使用胎心音監視器時，會請孕媽咪臥床休息 20 ～ 30 分鐘，同時將測量胎心音以及子宮收縮的探頭固定在身上，記錄臥床期間的胎心音與子宮收縮的變化，同時也會請妳利用按鈕記錄臥床期間胎動的次數。醫師再綜合上述資訊，判斷胎兒的狀況是否穩定。研究指出，若胎心音監視與超音波檢查的結果正常，90％的胎兒在一週內可望安全無虞。

　　不過，由於胎心音監測的敏感度極高，為了避免因判讀結果異常而進行不必要的剖腹生產及器械性助產，因此不建議常規地使用於低風險的孕產婦。

受 孕 小 百 科

生產醫療機構如何選擇？

　　初次懷孕的妳，為了迅速掌握懷孕的相關資訊，總在各大網路社團與討論區，整理分析其他孕媽咪分享的生產經驗。但是，到底去哪裡生產好？

　　其實，不管在哪兒生產，「安全」與「方便」應該都是第一原則。由於每位孕媽咪的過去病史、體能條件、懷孕情況與居住地點等條件都大不相同，生產醫療機構的選擇並沒有標準答案，端看哪一種醫療機構最適合。以下就分享兩點看法供孕媽咪參考：

❋ **安全性**：對於被診斷為高危險妊娠的孕媽咪，生產時的母嬰安全應該是首要考量。對於狀況特殊的產婦，生產時往往需要預備龐大的人力與物力資源，一般醫療院所多半無力負荷。此外，如果孕媽咪有極度早產的疑慮，醫學中心所具備的新生兒照顧團隊與加護病房更是一般醫療院所望塵莫及的。

❋ **方便性**：對於產前檢查一切正常的孕媽咪來說，居家附近頗具規模的醫療院所有時是最好的選擇。除了減少舟車勞頓外，方便的就診時間（通常指夜診或假日門診）與充分的會談時間也讓孕媽咪安心輕鬆許多。其他還要考量是否有全天候的接生服務、完整的婦兒照護團隊、緊急麻醉與手術設備、完善的轉診機制，甚至常備的輸血設備等，孕媽咪在選擇前別忘了詳細詢問。

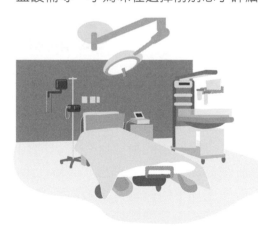

▲ 樂得兒（Labor Delivery Recovery room）產房示意圖。

天啊！到底什麼時候該去產房報到？

 寶寶的第37週

隨著進入足月的第一天到來，距離預產期的日子也越來越近。這時胎兒大多已經就起跑位置，三不五時的假性陣痛和地心引力的向下牽引，讓寶寶的頭部也逐漸向下鑽動進入骨盆，有時甚至會讓孕婦覺得陰道裡突然一陣刺痛。由於胎頭已經「入盆」，所以在一些快要臨盆的孕媽咪身上，我們會看到圓滾滾的肚子似乎有些下垂，這時就要提高警覺，注意準備待產的訊號囉！

另外，孕媽咪肚子的下沉也解除了子宮對橫膈膜與腸胃的壓迫，因此帶給孕婦一陣久違的「輕鬆感」。一方面呼吸變得輕鬆暢快，另一方面也改善了孕婦的食慾，透過這短暫的休息，讓準媽媽可以好好喘一口氣，趁機蓄積體力，準備面對生產時的身心考驗。

寶寶打了一個好大的哈欠。
Photo by 曾翌捷醫師

這週開始，待產所需的東西已經可以開始準備囉！除了記得放入媽媽手冊跟健保卡以外，別忘了「妳」和「寶寶」才是這場生產派對的最佳主角！所以當有突發狀況發生時先別驚慌，也不必急著回家收拾行李。孕媽咪所需要的東西產房大多有預備，只要「人」先到產房就好喔！

2800 公克的體重讓寶寶有著圓潤豐腴的臉蛋和身材，孕媽咪這時也不需要刻意增加飲食份量，希望把寶寶養到 3000 公克以上，只要按照之前的飲食控制方式慢慢來，才不會增加自然生產時的不必要傷害。

媽媽的第 37 週

隨著預產期的日子越來越近了！孕媽咪們也變得緊張了起來。有哪些症狀時才需要到產房報到？

當胎兒生長發育成熟後，透過胎兒所釋放出的荷爾蒙就會誘發產兆，包含落紅、規律性陣痛及破水三大症狀。據統計，高達九成的孕婦會在預產期前生產，其中八成會集中在懷孕 38 ～ 40 週之間，所以孕媽咪在懷孕 37 週後對於產兆，就要特別提高警覺。上述三種症狀雖然不一定都會出現，發生的順序也不一定，但是當孕媽咪察覺到其中任何一種症狀時，就要注意是不是該到產房檢查了。

　　由於各家醫療院所的設備與人員配置不同，剖腹生產所需的準備時間也不一樣。因此，對於預計進行剖腹生產的孕媽咪，發生三大產兆時要特別提高警覺。萬一孕婦在即將臨盆時才到產房報到，剖腹生產手術準備不及或是因為禁食時間不足，都有可能影響母胎安全與術後恢復。此外，經產婦因為產程進展較快，發生急產的機率也比初產婦來得高，所以若前胎有急產經驗、乙型鏈球菌檢查陽性或是住家離醫療院所較遠的經產婦，要特別留心產兆的發生，必要時甚至可與婦產科醫師討論提前待產的可能。

　　至於會不會被「退貨」（檢查後建議返家休養）呢？其實不需太在意，畢竟檢查完後確定母胎安全，才會建議您返家觀察；比起在家忐忑不安，輾轉難眠，倒不如來產房檢查一下比較放心！

 備孕小叮嚀

疫情下的母乳哺育

　　不論是每年常見的流行性感冒或是近年來讓人聞風色變的新冠肺炎，都讓疫情期間的哺乳媽媽備感艱辛。一方面擔心哺乳過程中，只要稍有不慎，就可能將正在流行的疾病傳染給寶寶；另一方面又不捨寶寶缺乏了母乳的滋養，對於未來的發育會不會造成長遠的影響。

第
31
週

第
32
週

第
33
週

第
34
週

第
35
週

第
36
週

第
37
週

第
38
週

第
39
週

第
40
週

　　流行性感冒及新冠肺炎是由病毒所引起的急性呼吸道傳染病，病毒是利用空氣為媒介，透過患者的飛沫或是口鼻分泌物的接觸傳染給他人，目前的相關研究中，並未從患者的母乳樣本中發現病毒，因此沒有科學證據顯示這些病毒會經由母乳傳播。

　　不過，在餵哺母乳的過程中，媽媽可能透過飛沫或是身體的接觸而不慎將病毒傳染給寶寶。因此，建議確診罹病或是有疑似症狀的媽媽在餵奶前，務必做好手部清潔工作，並全程戴上口罩，就能有效避免傳播。

　　有些媽媽可能會覺得這麼麻煩，是不是乾脆改為配方奶就好了呢？先不論母乳哺育已知的種種好處，疫情期間，透過母乳中所含有的各種抗體，有助於新生兒抵抗環境中的各式威脅。如果產婦在孕期中接種了流行性感冒疫苗或是新冠肺炎疫苗，母親體內的高濃度抗體更可透過母乳的媒介，讓寶寶獲得更多的抵抗力。在寶寶尚未接種疫苗之前，得到面對疫情的最佳保護。假如媽媽因病情未能親自哺餵母乳或是想暫停哺餵，也建議可以先定時擠出母乳並冷凍保存，以避免過度脹奶導致乳管阻塞疼痛或是乳腺炎。

　　面對疫情，醫療院所及產後照顧機構也都嚴陣以待。由於嬰兒室屬於封閉環境，雖然護理人員都謹守清潔要訣，但是如果疫情險峻，寶寶在尚未接種疫苗之前，為了避免嬰兒間的病情傳播，可能會拒絕產婦入內哺育。要是造成不便，也請共體時艱，多多包涵。

 寶寶的第 38 週

　　根據相關研究指出，一般認為產兆的誘發，其主導權仍掌握在寶寶的身上。當胎兒自覺分娩的時機成熟時，會透過下視丘的啟動，刺激腦下垂體前葉分泌荷爾蒙以幫助胎兒腎上腺分泌相關化學物質。當以上物質經由胎盤進入母體後，一方面會促進子宮肌肉細胞的收縮；另一方面也可以加速子宮下段的擴張並幫助子宮頸的軟化，以便進行自然生產。

　　不過，如果準媽媽希望能早點「卸貨」，倒也不是只能一籌莫展。首先，透過適時適量的散步或深蹲練習（千萬別去爬樓梯或是爬山喔！），有助於骨盆底肌肉的伸展與胎兒內轉，讓胎頭更容易往下鑽動。一方面可以加速子宮下段的擴張，增加前列腺素的合成；另一方面也可以刺激分布在子宮下段的壓力受器，以增加催產素的分泌進而誘發陣痛。此外，辛辣的食物、輕瀉劑與親密行為也可能有些微幫助。有興趣的孕媽咪在安全範圍內，不妨試試看。

很快地，寶寶邁入 3 公斤門檻的這一刻終於到來了！回想起 9 個月前，他還只是一個肉眼不可見的小小受精卵呢！一路走來，也讓人不禁讚嘆生命的奧妙！

媽媽的第 38 週

面對期待已久的那一天，妳可能會希望能以自然生產的方式來迎接寶寶。可是親朋好友總以過來人的姿態告訴妳生產時的陣痛多麼痛徹心扉，關於減痛分娩（硬脊膜外腔麻醉）技術的使用，大家的說法又褒貶不一，讓妳一直拿捏不定主意。

目前已知能有效減緩陣痛的方法包含溫水浴、按摩、拉梅茲呼吸法、散步、舒緩姿勢、針灸、止痛藥物，及減痛分娩等方式。各種方式的效果因人而異，其中減痛分娩的施打，被認為是最有效的方式。據統計，約有九成的產婦在施打後覺得疼痛有一定程度的舒緩。

一般施打減痛分娩的對象與時機，依照每位醫師的臨床判斷而有所不同。妳可以在產檢時與醫師溝通使用方法，以免止痛效果不如預期。

▲ 減痛分娩的施打。
Photo by 曾翌捷醫師

　　另外，減痛分娩的藥效仍有其時效性，當藥效消退時，也無需緊張，只要再補充藥劑即可恢復減痛。不過隨著產程進展，胎頭逐漸往下壓迫，這時候位於骨盆底的疼痛與酸澀就超出了減痛分娩的有效範圍，所以才有「減痛分娩快要生的時候就沒有效」的說法。

　　根據研究分析，使用減痛分娩對產程長短的影響不大，也不會直接造成自然生產失敗或是產後腰痠背痛等後遺症。因此，有意嘗試自然生產的孕媽咪，不妨與婦產科醫師討論減痛分娩的使用，也許能在重要關頭時助妳一臂之力。

 醫師小叮嚀

打了減痛分娩產後易腰痛？

　　為無痛分娩是從產婦背後置入軟管，所以產後腰痠時也容易產生相關的聯想。但一般來說，減痛分娩並不會導致產後的長期腰痛，腰痠多半是因為懷孕和生產過程中對腰背部的壓迫所導致。

　　此外，減痛分娩也可能出現頭痛、腿麻等副作用，注射部位也可能會有短暫性的疼痛（如一般打針一樣的疼痛感），但多半在產後 1 週內就會解除。

　　建議產後可保持運動習慣並維持正確姿勢，以紓緩不適，若無法緩解，可就醫尋求幫助。

受 孕 小 百 科

減痛分娩的潛在風險

雖然減痛分娩被認為安全又有效，有些潛在風險仍然值得孕產婦多加注意。

一般減痛分娩施作後常見的副作用包括：暫時性發抖、噁心嘔吐以及腰椎穿刺後頭痛等不適。雖然大多在休息後可獲得改善，但還是有些症狀需要後續處裡。

以腰椎穿刺後頭痛為例：其成因為施作穿刺時造成腦脊液滲出，導致腦壓不平衡。通常在補充水分、止痛藥及休息後，數日即可改善，必要時也可施作「硬脊膜外自體血液注射貼片」以治療不適。

但根據美國醫學會雜誌《神經學》（JAMA Neurology）的研究顯示，腰椎穿刺後頭痛與硬腦膜下血腫的發生率高度相關。減痛分娩後併發硬腦膜下血腫的比例雖然僅有十萬分之一，但是在罹有腰椎穿刺後頭痛的族群其發生率則高出一百倍。

研究團隊同時發現，如果孕產婦罹有凝血功能異常、高血壓或是大腦動靜脈畸形將更增加併發硬腦膜下血腫的風險。此外，施作硬脊膜外自體血液注射貼片的時機早晚，也被證實與併發硬腦膜下血腫的機率有關。

由於硬腦膜下血腫可能需要緊急手術，稍一不慎就可能會因為延誤治療而致命。因此，若產婦在施打減痛分娩後，產後出現「站著頭就痛、躺下頭不痛」的症狀，務必盡速就醫。

後期 第 39 週　聽起來好可怕的器械助產

 寶寶的第 39 週

雖然身體的各項器官已大致成熟，但是寶寶大腦的發育卻從未停止腳步，這樣驚人的成長會一路持續到出生後約 3 歲，所以在最後幾週，妳還是可以多與胎兒互動，以增加更多的神經元連結。

另外，胎兒的體重只要在合理範圍內，一般不需要刻意衝刺，類似甘蔗汁或是酪梨牛奶等「獨家秘方」不推薦食用，以免增加母體不必要的體重或是因胎兒過大而延長產程。不過建議孕媽咪仍可持續服用例如綜合維他命、鈣片，或 DHA 等孕期營養品，以提供胎兒發育所需的充足養分，並減少貧血對生產時所可能造成的威脅。

為了迎接寶寶的到來，母體也會出現相對應的表現。例如有些孕媽咪在這個時候，乳頭已經會開始分泌少許的乳汁；或是容易有強烈的便意感或是腰痠，但是在休息片刻後大多會自行緩解。如果陰道突然出現大量果凍狀分泌物也是即將分娩的預告。依照人體分泌荷爾蒙的生理時鐘，產兆的發動大多集中在深夜或凌晨。若有產兆，不妨到產房檢查，以確認是否要準備待產。

預產期即將到來，這個時候寶寶的體重來到了 3200 公克，身長則大約 50 公分。倘若胎兒體重超出太多，醫師可能會與妳討論是否有安排催生的必要性。

第 31 週

第 32 週

第 33 週

第 34 週

第 35 週

第 36 週

第 37 週

第 38 週

第 39 週

第 40 週

媽媽的第 39 週

常聽到親朋好友分享，生產到了最後關頭要是還差臨門一腳，醫師會幫妳把寶寶「吸」出來。這樣的動作到底會不會傷害到寶寶呢？

當自然生產進入到最後的階段，也就是子宮頸全開，胎頭進入產道以後，有時候會因胎兒過大、胎頭角度不佳，或是產婦氣力放盡等原因，讓寶寶只差臨門一腳就能出生，卻偏偏卡在產道，怎麼用力都生不出來。這時候，除了耐心等待產婦藉助子宮收縮和自行用力將寶寶擠出外，還可藉助外力的輔助來完成這最後一里路。一般常見的方法有真空吸引術、產鉗助產，以及宮底施壓。

● 真空吸引術：

真空吸引術是最常使用的輔助方法。當胎頭下降到適當位置以後，婦產科醫師會將軟質吸盤放置在寶寶的頭上，利用真空吸引器製造吸盤的負壓，以便婦產科醫師以牽引的方式娩出寶寶。因為負壓的設定有其上限值，因此安全性高，也廣為各大醫療院所使用。

● 產鉗：

是一對特定形狀的不銹鋼器具，利用產鉗深入產道，可將寶寶的頭部夾住以便利用旋轉或牽引的方式將寶寶娩出。由於使用不易，目前已逐漸被真空吸引術取代。

▲ 真空吸引術所使用的軟質吸盤。
Photo by 曾翌捷醫師

● 宮底施壓：

　　也就是一般大眾所熟知的「推肚子」，則是由醫護人員以手臂或手掌放置在產婦宮底，以持續且穩定的施壓方式來幫助分娩。

　　雖然利用外力助產可能造成產道裂傷、尿失禁，或是新生兒頭皮血腫或破皮等併發症，但因為發生機率低，且多數都可逐漸恢復，不會留下後遺症。相較於這時進行緊急剖腹生產的風險恐怕有時也讓人難以抉擇。因此使用外力助產與否建議可與妳的醫師完善溝通後決定。

受 孕 小 百 科

生產撕裂傷會造成大小便失禁嗎？

　　歷經生產的諸多波折，總算生下了一個白胖小子。然而，產後無法控制的尿失禁和會陰疼痛卻也會讓孕媽咪飽受折磨。

　　根據統計，約有 53%～ 79% 經陰道分娩的產婦會有不同程度的會陰撕裂傷。雖然絕大部分都只是輕微的一度或者二度撕裂傷，經過醫師仔細縫合後多半無礙。不過仍有高達 11% 的產婦會經歷傷及肛門括約肌的嚴重損傷，導致不同程度的大小便失禁或是會陰疼痛影響產後恢復。

　　根據卡洛琳・史文生（Carolyn Swenson）在美國婦產科醫學會期刊（American Journal of Obstetrics and Gynecology）發表的論文，若針對產後因為會陰疼痛或是大小便失禁而轉診至婦女泌尿專科進行後續諮詢與協助的患者，以愛丁堡產後憂鬱量表（Edinburgh Postnatal Depression Scale）測試受訪對象的憂鬱症狀，結果顯示，量表評分總和大於 10 分、被診斷為疑似產後憂鬱症的比例高達 15%，而產後憂鬱症在一般大眾的盛行率僅約 9%，說明了產科嚴重撕裂傷對產婦在生理與心理上的巨大衝擊。

　　那麼，對於即將生產的準媽咪們該如何預防嚴重的會陰撕裂傷呢？臨床研究顯示，對於首次經陰道分娩的產婦，如果能從妊娠 34 週開始自行或是由伴侶協助，以手指進行會陰按摩能改善會陰的彈性與延展性，有助減少醫師執行會陰切開的比例及減少嚴重會陰撕裂傷發生的機率。另外一個大型統合分析也指出在第二產程中進行會陰按摩或是對會陰進行熱敷也能降低嚴重會陰撕裂的風險。

　　倘若產婦仍不幸受創於嚴重的產科撕裂傷，除了在第一時間仔細縫合傷處並預防傷口感染以外，預防便秘的發生以及日後的骨盆底肌肉訓練也是不可或缺的。若是大小便失禁或會陰疼痛的情形在產後 3 個月仍遲遲不見改善，請務必向婦產科醫師反應。

　　最後，嚴重的產科撕裂傷也可能會影響夫妻日後的親密關係。不當恢復不僅可能造成性行為過程的疼痛與不適，也可能會使產婦畏懼親密行為的發生，使得夫妻感情生變或是影響未來生育計畫。藉由安排骨盆復健課程，適當手術修補，及專業性學諮詢，都有助於伴侶重拾魚水之歡。

後期 第 40 週 過了預產期怎麼辦？

 ## 寶寶的第 40 週

　　終於來到了倒數階段囉！截至目前為止，妳被退貨了幾次呢？（苦笑）其實待產的時機真的非常難以拿捏，即便是專業的醫護人員，有時也會陷入兩難。不過換個角度想，一定是母胎狀況都穩定，醫護團隊才會建議妳再返家等等，所以與其在家輾轉難眠，不如跑一趟產房解惑吧！

　　根據經驗，大約有 10％的寶寶會過了預產期還賴著不走（俗稱「釘子戶」或「惡房客」）。如果母體無明顯不適而且胎兒狀況也穩定，通常會建議可以再多觀察幾天。等待期間，也會請孕媽咪格外留意寶寶的胎動狀況以及相關產兆，如有異樣，則建議孕婦儘速回診檢查。

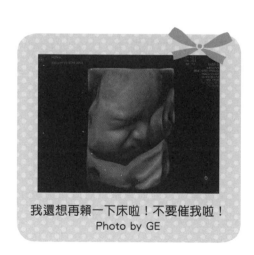

我還想再賴一下床啦！不要催我啦！
Photo by GE

第
31
週

第
32
週

第
33
週

第
34
週

第
35
週

第
36
週

第
37
週

第
38
週

第
39
週

第
40
週

倘若已經等候超過預產期 1 ～ 2 週，一般稱為「過期妊娠」，因為可能會增加巨嬰、胎死腹中，或是胎糞吸入等風險，如果孕婦有妊娠高血壓等疾病、疑似巨嬰，還是破水後未見陣痛，為了避免夜長夢多，也都會討論引產的必要。

經醫師專業評估下所進行的引產，過程大多安全無虞。如果有突發狀況發生，醫護團隊也會竭盡所能地力保母胎平安，請孕媽咪放鬆心情，將自己與寶寶交給專業醫療團隊，讓我們一起迎接期待已久的那一刻到來。

要是寶寶此時還賴著不出來，體重大概也來到 3300 ～ 3400 公克左右了。雖然不至於無法自然生產，但是面對這樣的豐滿寶寶，孕媽咪在待產過程要特別有耐心。藉由產程不疾不徐地進展，可以將撕裂傷的風險降到最低。如果超過預產期太久，為了避免胎死腹中，及時引產也有助降低意外的發生。

媽媽的第 40 週

　　眼看著預產期一天天的過去，孕媽咪充滿期待的心情也漸漸轉為焦急和無奈。除了越來越大的肚子壓得妳喘不過氣以外，每天晚上不時的宮縮也讓妳好久沒好好睡上一覺，更別提來自親朋好友的關心與問候，讓妳無時無刻都倍感壓力。

　　根據新英格蘭醫學期刊的研究，針對低風險的族群，經醫師研判母胎情況後，於妊娠 39 週引產不僅能減少剖腹生產的機率，也能減少妊娠高血壓的發生與新生兒接受呼吸照護的需求，特別是高齡產婦。另外，像罹患子癲前症的產婦，由於懷孕後期病況的變化快速，也建議懷孕滿 37 週即可討論是否進行引產，以減少母胎的相關併發症。因此引產的時機，需由醫師與產婦共同討論與決定。

　　另外，如果在引產之前經過完善評估，引產失敗接受剖腹生產的機率其實與一般自然生產的產婦沒有差異；至於引產比較痛的說法，則是因為引產所需的待產時間通常比較久，所以會讓產婦有比較疼痛的錯覺。

　　雖然引產的方式與時機依照醫師的專業判斷而有所不同，但其目的都是為了要提供孕媽咪安全且舒適的生產經驗。因此儘管等待寶寶降臨的心情讓人難熬，但是還是要請妳耐心等候，與妳的婦產科醫師一同迎接寶寶的到來。

受 孕 小 百 科

產後腦血管病變發生率逐年攀升

隨著產後出院返家，新手媽媽也開始期待已久的育兒生活，為了張羅寶寶的大小事，在月子期間不停地忙進忙出。直到有一天，突然出現四肢麻痺與視力模糊的現象，接著一陣劇烈的頭痛後，便在家中失去了意識。焦急的家人連忙將人送到醫院的急診室，經醫師診斷為出血性腦中風。

近年來，隨著高齡懷孕與孕期高血壓疾患的發生率上升，發生率已大幅增加至 10 萬分之 34。其中，又以產後 1 週內為症狀發生的最高峰。

分析疾病成因主要是因為隨著胎兒分娩，原本淤積在產婦周邊水腫組織中的水分會重新回到血管中，造成產後暫時的血壓上升。隨著產後利尿期的開始，大量水分被排出體外後，產婦的血壓才會逐漸恢復正常。若是產婦此時因為照顧新生兒過度勞累或是睡眠不足，加上又忘記按時服用降血壓藥物，遽然上升的血壓恐造成腦血管病變的發生。

根據美國健保費用與運用計劃（ The Healthcare Cost and Utilization Project ）的統計，雖然相較於健康產婦，孕期中罹患有慢性高血壓或是子癲前症的產婦有比較高的中風風險，但是令人意外的是，逾八成的中風個案孕期中並無高血壓的相關病史。另外，統計結果顯示，絕大多數的中風事件都發生在產後 10 天內。

受孕小百科

　　因此不論產婦孕期中是否罹患高血壓相關疾病，產後仍需密切觀察血壓的變化。如果發現血壓升高，或是出現頭痛、視力模糊、手腳麻木及意識不清的現象，務必立即就醫，以免錯失治療先機。

　　此外，月子期間是產後恢復的關鍵時刻，新手媽咪也切勿因為求好心切而事必躬親，充足的休息才是月子期間的首要任務。

Part 2

待產・生產
迎接小寶貝到來！

住院待產的準備事項

　　經過了漫漫十月，終於要面對生產這件大事了。準媽咪心中不免七上八下。瑣碎繁雜的事項那麼多，親友的建議五花八門，就連身旁的豬隊友都在嚷嚷著要帶電視遊樂器！到底有哪些是待產住院的必備項目呢？

 ### 待產懶人包，待產包該準備什麼？

　　熟悉環境絕對是準備待產的第一要務，平常產檢結束後，不妨抽空到產房看看，事先熟悉動線，以免發生緊急狀況時求助無門，特別是計畫在大型醫療院所生產的準媽咪。另外，隨著生產觀念和分娩技術的日新月異，現代產房已鮮少聽到聲嘶力竭的尖叫聲或飄散著嗆鼻的消毒水味，取而代之的是柔和的背景音樂和空氣中若隱若現的舒適香氛。護理師多半會稍加介紹產房的設施與待產流程，甚至有些醫療院所還會舉辦參觀產房的活動，讓準媽咪安心許多。

　　其次，隨身攜帶《孕婦健康手冊》及健保卡絕對是妊娠後期最重要的生活習慣。如果出門在外因為緊急狀況送醫，救護車通常會送至達最近的醫療院所，這時若有《孕婦健康手冊》的產檢紀錄，就可讓後續接手的醫師迅速掌握情況，以便給予最適切的治療措施。

住院待產的準備事項

　　抵達預計生產的醫院後，醫療院所多半備有待產與生產所需的各項耗材，所以千萬不要特地返家拿取待產包，也不必先洗澡再去醫院，為了妳與寶寶的安全，有任何問題建議直奔醫院產房就對了。

▲ 隨身攜帶《孕婦健康手冊》及健保卡。

待產住院準備用品建議清單

　　一般待產包的準備可分為一般用品及消耗用品兩大類，以下僅提供清單供各位孕媽咪參考：

待產住院一般用品	
證件類	孕婦健康手冊、健保卡、夫妻雙方身分證及印章
盥洗用具	毛巾、牙刷、漱口杯、沐浴用品、拖鞋、坐浴盆、吹風機等
保暖衣物	住院期間多穿著病人服，但建議準備帽子、圍巾、披肩、襪子、輕薄外套等
寶寶用品	出院穿著的衣服、包巾、奶嘴、奶瓶（如有需要）
其他	手機充電器、耳塞、眼罩、塑膠袋、環保餐具、束腹帶、彈性襪、筆記型電腦（如有需要）、臍帶血收集盒（如有需要）

　　為了方便產後溫水坐浴，建議可以自行準備坐浴盆，使用上會比傳統的大臉盆來得方便攜帶及使用。另外，儘管在產後幾天容易因為水腫消退而汗流浹背，但是因為醫療院所的中央空調往往溫度偏低，仍建議攜帶輕薄的保暖衣物以備不時之需。

　　產後住院期間若不是入住單人待產室或病房，由於每個人的生活習慣不盡相同，此起彼落的鼾聲就成了病房中最常被投訴的問題。屢屢受到光源與噪音的干擾，常讓筋疲力竭的媽媽與陪產家屬（通常是爸爸）疲憊不堪，建議可自行攜帶耳塞與眼罩來改善睡眠品質，以幫助恢復體力。

　　至於束腹帶與彈性襪的使用，因每個人恢復情況不同，建議可先諮詢醫師何時開始使用，以促進產後恢復。

　　如果上網需求強烈，若光以手機應付，恐怕效率不彰，建議不妨視個人需求準備筆記型電腦，方便聯絡工作事項或是提供休閒娛樂。另外，若已簽訂臍帶血銀行，請務必記得準備臍帶血收集盒，如果匆忙之下遺落了，因為產房並無備品，可能會影響臍帶血的收集。

待產住院消耗用品建議清單

待產住院消耗用品	
產房使用	產褥墊（孕婦專用衛生棉）、看護墊（大片吸水棉墊）、免洗內褲、衛生紙、濕紙巾、美容膠帶
病房使用	沖洗瓶、私密處消毒液、產褥墊、看護墊、免洗內褲、衛生紙、濕紙巾
嬰兒室使用	紙尿布、沐浴用品、配方奶粉（如有需要）

大多數醫療院所皆備有消耗用品，為了減少待產包的重量，建議可事先詢問醫療院所消耗用品的相關資訊，若有偏好的品牌種類，再自行攜帶。

除非有醫療上的需求，母嬰親善醫院不提供配方奶粉及安撫奶嘴或奶瓶（避免寶寶有乳頭混淆），如有個人需求多需自行攜帶，並於需要時給予杯餵、滴餵或針筒餵食。

住院待產的準備事項

 醫師小叮嚀

準爸爸可做的準備！

爸爸也不是只有袖手旁觀喔！如果有自用車，可先將準備妥當的待產包放置在後車廂以備不時之需。另外，如果是因為破水需要盡速就醫，溼透的衣物可能會讓媽媽不舒服，可在車上預備一條薄被，以供保暖使用。

當媽媽平安生產，準備與新生兒一同出院返家時，後座也應先行備妥兒童安全座椅（1 歲以下或 10 公斤以下，建議裝置提籃式平躺安全座椅）。

至於沒有車的準爸媽，可將待產包及保暖被先行準備在家中固定處。緊急連絡電話，例如：可提供協助的親友、民間救護車公司及計程車呼叫電話也應備妥，必要時也可直撥 110、112 或 119 尋求協助。如果是事先請假在家待產的準媽媽，日間也盡量安排親友陪伴，以防緊急情況發生。

生產流程：自然生產篇

　　不管是陣痛、落紅或是破水，抵達產房的這一刻終於到來了。儘管親友的生產經驗也都聽了好幾次，輪到自己的這一刻還是讓人手足無措，究竟到院待產後會是什麼樣的情況呢？

　　首先，妳擬定好生產計畫書了嗎？如果還沒，不妨先從以下台灣婦產科醫學會提供的生產計畫書範本看起。

○○醫療機構 生產計劃書

各位準媽媽、準爸爸，您們好：

　　擁有安全、舒適、愉快的生產經驗是我們共同的期待，目前提倡「友善生產」的時代觀裡，希望提供準父母有參與醫療處置的自主權，也為了瞭解您的需求，並適時給予說明與解釋，請準父母提供您與家人的意見，作為照護之參考。謝謝！

我今年_____歲，職業是_____和_____的生產計畫
我先生_____歲，職業是_____
這是我們的第____胎，預產期是_____

產婦姓名_____
醫師姓名_____

選 擇 項 目

一、分娩

☐是 ☐否　本人針對下述分娩事項並無意見，完全尊重醫療上的專業建議
（若填"是"，請跳到第二大項、麻醉選擇）

1. 我希望能在待產時自由走動	☐是 ☐否
2. 我希望分娩期間能進食	☐是 ☐否
3. 我同意分娩時放置靜脈留置針	☐是 ☐否
4. 我同意分娩時可能需要大量靜脈輸液注射	☐是 ☐否

二、麻醉選擇

☐是 ☐否　1. 分娩時不一定需要減痛分娩麻醉，我有自行選擇的權利

三、關於陰道生產（自然產）

☐是 ☐否　本人針對下述關於陰道生產事項並無意見，完全尊重醫療上的專業建議
（若填"是"，請跳到第四大項、產後）

1. 對於生產時會陰部「是否要剃毛」	☐是 ☐否
2. 對於生產時「是否禁食」	☐是 ☐否
3. 對於生產時「是否做會陰切開」	☐是 ☐否
4. 對於生產時「是否做注射點滴」	☐是 ☐否
5. 對於生產時「是否使用催生藥物」	☐是 ☐否
6. 對於生產時「是否要先生陪產」	☐是 ☐否

四、產後

☐是 ☐否　1. 我希望盡早做親子接觸，除非醫療上不允許

五、親子照護計畫

☐是 ☐否　1. 我希望餵母奶

簽名：_____　　日期：民國____年____月____日

備註：此計畫書不具法律效力，如醫療上有需要修正時，仍建議與醫護人員進行溝通後執行之，以確保生產平安。

資料來源：台灣婦產科醫學會

此範本為台灣婦產科醫學會提供，僅提供參考，個別醫療院所可依醫療需求增減內容

待產期間可以做的事

● 監測胎兒心跳及子宮收縮

為了監測胎兒心跳及子宮收縮情況，大多數產房在待產時都會進行胎心音監測。依設備新舊，可分為有線監測或是無線監測兩大類；但是妳仍可視自身情況及意願，與醫師討論是否有持續監測胎心音的必要。

有線監測

受限於線材長度，多需臥床接受檢查，活動範圍難免受到限制，但若想如廁或是下床活動時，多半可以先暫時拆除裝置。

無線監測

依照設備的有效範圍而定，多可在待產室內或是同樓層自由活動，方便許多。

但若已經使用減痛分娩裝置，為避免下肢無力、不慎跌倒或是拉扯管路造成麻醉失效；又或已經破水，為避免發生臍帶脫垂的意外，無論有線或是無線監測多半會建議持續臥床待產、避免下床活動。

● 適當的熱量補給、靜脈留置針

待產時適當補充熱量有助於維持體力，對於產程的進展也有幫助。建議在待產期間少量多餐地補充容易消化的食物，例如餅乾、麵包或是水果等；口味辛辣刺激或是豐盛油膩的食物則應盡

量避免，以免消化不良造成不適。此外，待產期間的水分流失也相當可觀，為了避免過度脫水造成血壓不穩定或是發燒，仍可少量多次地補充水分。

　　如果胃口不佳也不用擔心，由於待產期間多有放置靜脈留置針，透過靜脈輸注葡萄糖溶液也能補充熱量與水分。當產程進展不順利，需進行剖腹生產手術時，或是已經進展到產程後期需要規則用力時，則會建議暫時停止飲食。

　　此外，靜脈留置針除可供上述的靜脈輸液外，也可於緊急時給予藥物或是血品。因此，為了安全考量，多會建議待產時施打，若因個人考量拒絕施打，請務必與醫師討論。

● 麻醉選擇

　　減痛分娩有助於減少待產時的體力損耗。由於效果顯著，操作上也十分安全，因此經常在自然生產時使用，可分為自控式（自行按鈕）止痛或由醫護人員評估給藥。

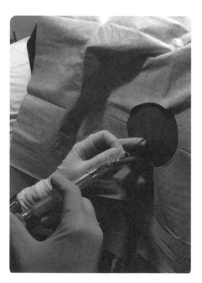

　　至於施打的時機點，則依醫師的經驗而有所不同，有些會建議產程進入活動期，也就是子宮頸擴張達 3 公分以上才進行施打；有些則認為只要疼痛已達無法忍受的程度，不論子宮頸擴張程度，即可逐

▲ 減痛分娩的施打。
Photo by 曾翌捷醫師

行施打。妳可在產前檢查或是待產時，與醫師討論；至於何時該停止給藥，雖以準媽媽的舒適度及母胎安全為主，但仍應視醫師的臨床判斷而定。最後，減痛分娩屬於侵入性處置，操作仍需由麻醉專業醫護人員執行，以策安全。

此外，也可以藉助產球活動、伴侶按摩，甚至是水中生產的方式來幫助止痛，可事前向預計生產的醫療院所諮詢是否有類似設施。

生產期間可以做的事

目前隨著準媽媽自主意識抬頭及減少過度介入的觀念推廣，會陰剃毛及灌腸已非常規執行項目，妳可依照個人的身體狀況與想法決定是否執行。

會陰切開術

臨床醫師多會視生產時當下的情況決定是否使用。如果妳對會陰切開術的使用有所疑慮，也建議與醫師討論執行與否。

催產藥物

使用與否取決於產程進展是否順利。一旦產程進展不良，為了減少體力損耗及意外，多半會建議使用催產藥物，例如前列腺素類藥物或是催產素。前列腺素類藥物一般多為口服或以陰道塞

劑方式給藥，自費費用依照藥物種類及藥效長短不同而有所差異，價格約在 600 ～ 3000 元之間。而催產素則以靜脈輸注為主，為健保給付的藥物，使用不須另外付費。除了常規用於催產的藥物外，也有「仿單標示外使用」的藥物可供選擇。例如喜克潰錠（Cytotec）原本是用於胃及十二指腸潰瘍的治療與預防，因為引起子宮收縮的效果明顯，因此廣泛地應用於人工流產或是催產，但是因為效果強烈，所以也經常發生副作用與併發症。因此妳應該在使用催產藥物前，詳細了解藥物使用的利弊，再做決定。

> ❗ 註：仿單標示外使用指的是把藥物使用在未經核准的適應症、年齡層、劑量或給藥途徑。除非有違反道德準則或是違反安全規定，標示外使用是常見，而且通常也都屬合法使用。

　　此外，雖然生產計畫書未提及，關於產械使用（真空吸引術或產鉗）以及宮底加壓（俗稱「推肚子」），也是事先可與主治醫師討論的事項。至於開始用力的時機，也依照醫師的習慣分為子宮頸全開即開始用力，或是準媽媽有便意感後才開始用力兩種，因為各有優缺點，所以也可選擇如何執行。

● 陪產

　　先生或是家屬陪伴也是生產計畫書的重點之一。妳可以依照個人意願決定是否需要家屬陪產；至於陪產家屬的人選、人數、是否可以拍照或攝影則視各醫療院所的規定而異。一般除非有緊急情況發生，為了避免不必要的驚慌，才會請家屬在產房外頭等候。

● 樂得兒產房

　　除了傳統的進「產房」生產以外，目前國內許多醫療院所也有「樂得兒」產房，也就是在原本待產的房間直接生產可供孕婦選擇。「樂得兒」產房除了可直接變形為產檯的待產床以外，大多還配有手術燈、新生兒處理檯、生產器械組，以及獨立衛浴設備。好處是可以避免生產時移動到產檯的不適及較佳的生產氛圍；缺點則是接生過程中如果有偶發狀況發生，器械工具取得不易，甚至可能影響緊急手術的時機。選用「樂得兒」產房也可能會產生額外的費用，可事先詢問醫療院所。

▲ 樂得兒（Labor Delivery Recovery room）產房示意圖。

產後可以做的事

　　延遲斷臍的好處，目前已獲得國內外醫學會及相關醫學文獻的肯定，雖然並非常規執行的項目，妳仍可視自身與新生兒情況與主治醫師討論是否執行。近年來，臍帶血收集的風氣漸盛，如果有需要，也應事先告知主治醫師以免疏漏。

　　最後，親子肌膚接觸有幫助母乳哺育、安定新生兒及促進子宮收縮等諸多好處，一般多建議執行；但若媽媽或親友具有傳染病的疑慮，或是新生兒狀態不穩定，仍建議依醫師判斷決定是否執行。

● 親子照護計畫

　　不管選用母乳或配方奶，目的都是為了能讓寶寶得到良好的營養支持，建議可依照寶寶的情況，與小兒科醫師討論如何選擇最適合的方案。為了能讓母乳哺育順利進行，在討論生產計畫書時，妳不妨事先了解預計生產的醫療院所有關「配方奶使用」以及「母嬰同室」的規定。

　　至於親友探訪的規範，也會受到當下環境及疫情影響而有所變動，倘若造成妳或家屬的不便，請多見諒。

生產流程：剖腹生產篇

　　不論是預定或是緊急剖腹生產手術，對妳來說，都是人生初體驗。雖然在手術前已經聽過許多熱心的親朋好友分享親身經驗，但是忐忑的心情卻總是無法平復，也許當妳更了解手術的流程後，就會放心許多。

什麼時候需要剖腹？

　　如果因為緊急醫療需求，剖腹生產手術可能安排在任何時刻。例如：待產過程中發生胎兒窘迫或是胎盤剝離，又或者是胎位不正卻突然破水等，醫師會盡快安排手術。而計畫性剖腹生產手術選擇時間，也就是俗稱的「看時」，則須注意以下兩點原則：

胎兒成熟與否

　　由於剖腹生產手術時，新生兒未經歷自然產時的擠壓、肺部羊水第一時間經常尚未完全排出，可能導致出生後的前幾天會有呼吸急促的情況。因此計劃性剖腹生產手術多會安排在妊娠滿 38 週，甚至 39 週以後，以期新生兒的肺部能更加成熟，減少呼吸道相關併發症的發生。但若母胎有特殊狀況，例如：雙胞胎妊娠、子癲前症或是胎兒生產遲滯等情況，經醫師判斷後，可提前手術日程。

預計手術時間

　　一般以週一到週五為主，因為這段時間，開刀房有最充足的醫護人力，足以應變各種緊急狀況；萬一因突發事件有轉院需求，醫學中心也有充沛的資源進行搶救。如果因為個人因素，希望將剖腹生產手術安排於週末假日、深夜清晨，或是主治醫師的門診時段，都是相對危險的選擇。

● 術前訪視

　　開刀之前，主刀醫師及麻醉醫師在查房時會說明以讓妳清楚了解自己接受手術的原因，不管未來有無再次生產計畫，這都是非常重要的參考資訊。

　　過去疾病史、手術史、藥物史及過敏史等，也可與醫師確認是否對手術造成影響。如果不是初次接受剖腹生產手術，若前次剖腹產的過程或術後有不適或是相關併發症，也可再次提醒醫師。

　　一般在手術前，醫療院所皆會進行術前檢測，內容可能包含：心電圖、血液檢測、尿液檢測等項目，妳也可以詢問檢查報告是否有任何異常，例如：若有嚴重貧血，手術前可能會視情況先行輸血，或是預備血品以供手術中緊急使用。

　　除了上述資訊外，麻醉醫師也會詢問近來身體是否有任何不適與禁食空腹時間，以評估麻醉風險。另外，麻醉的方式會依麻醉醫師的專業評估，選擇半身（脊椎）麻醉或全身麻醉或是硬膜外麻醉。一般來說，半身（脊椎）麻醉安全性高且執行迅速，是剖腹生產手術的首選。

　　最後,良好的疼痛控制有助術後恢復,用於剖腹生產後的術後止痛藥物相對安全,對哺育母乳的影響程度也低,如果對止痛藥物有任何疑慮,都可詢問麻醉醫師。

● 術前準備

　　為了避免術中嘔吐不適或吸入性肺炎,術前應禁食(也不能喝水喔!)6 到 8 小時,但緊急剖腹手術則不在此限。

　　由於長時間禁食可能有脫水之虞,因此在執行靜脈留置針後,也會給予適量的靜脈輸液以防止低血壓;至於預防傷口感染的抗生素也會在這時一併給予。

　　由於術前灌腸容易造成腹痛、腹瀉及腸胃不適等症狀,目前已非術前標準步驟。為了避免深層靜脈栓塞及低血壓,也會建議在術前先行穿妥壓力襪或是將下肢以彈性繃帶纏繞妥當。在等待手術的同時,大多會以胎心音監側儀確認胎兒情況是否穩定。

● 執行麻醉

　　特殊情況除外,剖腹生產手術多以半身麻醉為主。除了執行快速外,半身麻醉的藥物進入血中濃度極低,對胎兒的影響也微乎其微。

　　執行半身麻醉時,麻醉醫師會請妳側身躺在手術檯上,將頭、身體及雙腿盡量蜷曲呈蝦米狀,讓脊椎之間的間隙盡量打開,方便進針及給藥。半身麻醉所使用的脊椎穿刺針管徑極細,不到 0.5 毫米,雖然長達 9 到 10 公分,但並非完全沒入。

在施打脊椎穿刺針的過程中，通常會痠脹不適，但多半可以忍受。倘若身體能儘量蜷曲並放鬆肌肉，待穿刺針進入正確位置，加入麻醉藥劑後，即可拔出，過程通常僅需數分鐘。

半身麻醉完成以後，麻醉醫師會請妳躺平，並測試麻醉深度是否足夠。半身麻醉的效果通常僅為下半身止痛及下肢無力，但觸覺仍然保留。確認麻醉效果良好後，才會開始放置導尿管、體表及陰道沖洗消毒等步驟，倘若妳仍可感覺到身體被觸碰，請不要擔心。

由於半身麻醉的藥物會造成血壓降低，如果發生心悸、喘不過氣或噁心想吐等症狀請別驚慌。麻醉醫師會使用藥物、鼻導管給氧，或姿勢調整來舒緩症狀。請放鬆心情，稍待片刻，就要和企盼已久的寶寶見面囉！

 ## 進行剖腹生產手術

待半身麻醉生效及術前準備完成後，剖腹生產手術隨即開始。由於妳的意識清楚，過程中如果有任何不適都可馬上反應。

除非有特殊情況，剖腹產手術的傷口採橫式切口。傷口位置約在恥骨上緣上方 1 到 2 指幅，傷口長度約 12 公分左右。剖腹生產手術的步驟快速，通常僅需數分鐘的時間，在感受身體一陣搖晃與壓迫後，就會聽到寶寶洪亮的哭聲了！隨著寶寶的產出，子

宮的壓迫也馬上解除，不管是噁心想吐或是喘不過氣的感覺都會獲得明顯的改善。

　　當寶寶擦乾身體，完成初步檢查後，妳即將迎來與寶寶的初次親密接觸。在護理人員的協助下，手術進行的同時仍然可以讓妳嘗試母乳哺育與擁抱新生兒，倘若體力許可無明顯不適，請好好享受這令人難忘的重要時刻。在肌膚接觸完成後，護理人員隨即將新生兒護送至嬰兒室沐浴及進行後續觀察。而辛苦的妳，不妨先小睡片刻，待剖腹生產手術完成以後會將妳喚醒，並轉送至恢復室進行後續觀察。

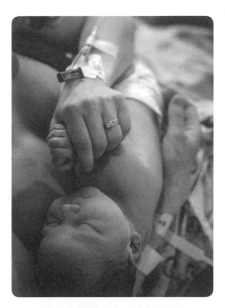

▲ 生產完與寶寶的初次親密接觸。
Photo by Pexels

● **術後恢復**

　　通常剖腹生產手術完成後不會立刻回到病房。妳會在家人的陪伴下留在恢復室觀察數小時，倘若有噁心想吐、發抖不止、發燒或傷口疼痛等情況，請立即與護理人員反映。疲倦想睡是正常的現象，等狀況穩定後，即可至病房休息。

新生兒檢查及篩檢

　　不管是自然產或是剖腹生產手術，筋疲力盡的媽媽在寶寶出生後，都不會自顧自地倒頭大睡，而是焦急地詢問寶寶的狀況。究竟寶寶出生後會接受哪些檢查來確定狀況呢？

● 延遲斷臍、親子肌膚接觸

　　在寶寶出生後的第一時間，醫師會根據寶寶的狀況決定是否執行延遲斷臍與親子肌膚接觸。倘若寶寶的哭聲宏亮及膚色紅潤，延遲斷臍可提供新生兒額外的鐵質，可避免貧血及後續因缺鐵導致的發育遲緩。此外，還能輸送大量免疫球蛋白及幹細胞至寶寶體內，有助於恢復細胞損傷、抗發炎及避免器官衰竭，這些對於早產兒尤其重要。

　　至於肌膚接觸除可讓寶寶的體溫不易散失且呼吸較平穩外，透過媽媽的體溫、味道、心跳及聲音的感受，也會讓寶寶比較有安全感；同時也可激發媽媽的哺乳意願及泌乳反射，增加母乳哺育的成功率。最後，乳房的刺激會增強子宮收縮，減少產後大出血的機會。

　　但若寶寶的狀況不穩或是母體正在大量出血，上述措施則必須忍痛割捨，以利後續的檢查與急救工作能快速進行。

● 阿普伽新生兒評分

斷臍後醫護人員會將寶寶抱到有溫暖光源的新生兒處理台進行檢查：首先擦乾身體，必要時清除呼吸道分泌物，並給予寶寶輕微刺激，再依照膚色、脈搏、反應、肌張力及呼吸五項指標進行評分，也就是大眾所熟知的阿普伽新生兒評分（Apgar Score）。如果總分在 7 到 10 分代表新生兒情況正常，如果持續低分，代表新生兒需要立即醫護介入。

通常會在嬰兒出生後 1 分鐘及 5 分鐘進行評分。倘若新生兒狀態穩定，則會先修剪臍帶、擦拭抗生素眼藥膏及注射維生素 K。接著再測量體重、頭圍、胸圍及身長，與媽媽及家屬核對寶寶外觀有無明顯異常，並偕同家屬送新生兒至嬰兒室辦理住院（上述措施可能會依醫療院所不同而略有差異）。

● 身體理學檢查及神經學檢查

入住嬰兒室以後，會先替寶寶沐浴更衣，並放置於保溫箱中觀察生命徵象，待狀態穩定後再移出保溫箱。24 小時內會由小兒科醫師進行身體理學檢查及神經學檢查。

同樣的檢查在寶寶出院前會再評估一次。小兒科醫師會先初步觀察寶寶的外觀膚色以及身體活力，再利用聽診器確認有無心雜音，呼吸聲是否清澈，隨後會再從頭到腳各部位進行完整檢查。接著會再進行神經學檢查，觀察寶寶對於各項特別刺激是否出現相對應的反射動作。如果檢查出現異常，會視情況決定是否需要詳細的神經檢查。

● 預防接種

依照現行的預防接種時程，B 型肝炎疫苗會在出生後的 24 小時內給予。如果產前檢查顯示，B 型肝炎表面抗原陽性或是 B 型肝炎表面及核心抗原雙陽性，便會在出生後的 24 小時內給予一劑 B 型肝炎免疫球蛋白，以免母胎垂直感染的發生。

至於母乳哺育則視新生兒需求與媽媽執行親子同室的意願決定哺育場所及時機。探嬰及嬰兒室餵奶時段，則依醫療院所及傳染病疫情（如流行性感冒或新型冠狀病毒肺炎等）而有所不同，建議可詢問生產的醫療院所。

● 新生兒代謝性異常疾病篩檢

大約在出生隔天，便會開始進行新生兒的各項篩檢。為了早期發現症狀不明顯的先天代謝性異常疾病，政府提供補助，只要自費約 1000 多元即可替新生兒篩檢如蠶豆症、苯酮尿症及先天性甲狀腺低下症等 21 項新生兒代謝性異常疾病篩檢。篩檢結果大約可在採血後兩週得知。

此外，目前全面補助新生兒聽力篩檢，請不要錯過這項福利。若早期診斷聽力異常，可在新生兒 6 個月大以前開始配戴聽覺輔具與接受聽能復健，以讓寶寶擁有正常的語言發展歷程。

而子女的健康是父母最大的盼望，許多醫療院所也提供許多新生兒自費篩檢。內容包含：新生兒各器官超音波檢查、異常基因篩檢或過敏體質測試等項目。其中，心臟超音波檢查及髖關節超音波檢查在近年也獲得不少兒科醫師推薦，妳不妨與兒科醫師討論，選擇最適合孩子的檢查方案。

返家後的注意事項

隨著狀況逐漸穩定，各項檢查也都按時完成，狀況許可下，新生兒多會與媽媽一同出院返家。在辦理嬰兒室出院前，還有哪些注意事項呢？

● 觀察黃疸指數

因為新生兒黃疸多發生在出生後 2 到 3 天後，所以出院前多會測定黃疸指數，如果指數偏高，建議進行照光治療改善。順利出院返家後也會提醒新手父母注意寶寶的糞便顏色，如果糞便顏色會愈來愈白，加上黃疸惡化，就要盡快回診。

另外，也要注意寶寶的精神及食慾。如果出現寶寶嗜睡、食慾不振等狀況，也要留意皮膚泛黃的範圍是否擴大，是否需要送醫檢查。除非兒科醫師建議暫停母乳哺育，否則充分哺育母乳或配方奶也是預防黃疸的重要關鍵。

● 臍帶護理

大多數醫療院所會提供簡易的臍帶護理包，包含消毒用酒精與無菌棉枝，只要先洗淨雙手，在寶寶每天洗澡後以無菌棉枝先後以 75％ 及 95％ 消毒用酒精於臍帶根部的肌膚，以順時針方向消毒根部一圈即可。如此可加速臍帶乾燥與減少感染，通常出生後 1 到 2 週內，臍帶即可自行脫落。

● 新生兒照顧

奶粉沖泡方法、嬰兒沐浴步驟、紅臀預防照護以及下次回診時間等項目也會在出院衛教時一併告知。如果有各種問題都可以詢問醫療人員，《兒童健康手冊》也提供了許多重要育兒資訊喔！

 寶寶的吃！母乳哺育

懷胎十月，雖然歷盡艱辛，但是當看到懷抱裡的可愛嫩嬰，彷彿一切的磨難都就此畫上了句點。親好紛紛在此時耳提面命「母乳哺育」的重要性，究竟「母乳哺育」真的那麼神奇嗎？該有怎樣的認識呢？

● 哺育母乳的好處

對新生兒來說，「母乳」是來自母親獨一無二的禮物。其中內含的養分，足以供應寶寶每日所需。甚至在寶寶成長的過程中，母乳的養分組成也會隨著寶寶所需做出調整，是替寶寶量身打造的專屬飲食。

初乳中含豐沛的免疫球蛋白、乳鐵蛋白、生長因子、巨噬細胞等物質，還具有防止感染和增強免疫力的功能。初乳也被證實與新生兒的腸道健康息息相關，不僅有助代謝膽紅素以減少新生兒黃疸，也有助構築新生兒的腸道菌叢，防止病毒或細菌感染、減少過敏發生。

　　母乳哺育對媽媽也是好處多多。透過哺育時的乳頭刺激，可促進子宮收縮排出惡露，有助減少產後大出血，並加速子宮復舊，回復至孕前狀態。此外，分泌與哺餵母乳時，可消耗大量的養分與水分，有助恢復產後身材與改善水腫。規律哺餵母乳時的荷爾蒙變化，會抑制母體排卵，減少產後懷孕的機率；長期母乳哺育也能降低卵巢癌及乳癌的發生；更別提哺餵過程中，對親子關係與寶寶身心發展都極有幫助。

　　因此，建議純母乳哺育 6 個月，後續搭配含鐵量豐富的副食品，以防新生兒貧血，並持續哺育至 2 歲或 2 歲以上。

母乳哺育如何開始？

　　妳在孕期可能會接觸到許多似是而非的錯誤觀念，例如：乳房太小奶水可能會不夠、母乳的營養不夠完整，或者餵奶成功的機率極低等。

　　這些誤解如果能在產前，透過參加爸媽教室、各地衛生局所、醫學團體，或媽媽支持團體所辦理的母乳哺育聚會獲得正確的哺育知識，都有助於提高成功哺育的機率。

　　而在接受完整正確的哺育資訊後，妳可自行決定是否哺育母乳並以什麼方式餵食？同時，也應和爸爸、婆婆或媽媽（甚至月嫂）溝通寶寶的餵食方式。其中，另一半是妳是否能持續哺育母乳 6 個月以上的重要角色。

● 母乳哺育成功的訣竅？

首先，選擇對哺乳友善的醫療院所，像是母嬰親善醫院，也能增加成功的機率。

有些新手媽媽天賦異稟，隨手一擠就能奶如泉湧，除了供給寶寶日常飲用之外，還有餘裕準備冷凍母奶以因應未來所需。不過臨床上更常看到的是，新手媽媽汗如雨下地擠出幾滴母奶，乳房就紅腫疼痛，若奶量不足，寶寶時常哭鬧，嬰兒室就會頻頻地來電催促媽媽到嬰兒室餵奶。原本想像中的美好畫面，卻成了新手媽媽揮之不去的夢魘。

其實，有時是體力尚未恢復，所以母乳產量才一直遲遲無法跟上，這時不妨放慢腳步，先讓自己好好休養生息，吃飽睡飽後，母奶產量多半會慢慢增加。

醫師小叮嚀

母乳哺育支持系統相關資源

❶ 孕產婦關懷專線：0800 － 870 － 870（國語諧音：抱緊妳 － 抱緊妳）

❷ 產婦關懷網站：http://mammy.hpa.gov.tw/（網址內含各縣市社區支持團體的聚會時間及聯絡專線）

　　另一個常見的情況則是，媽媽不僅要忙著哺育新生兒，還要分心照顧在旁邊觀看、搗蛋的大小孩。餵奶時間緊迫加上育兒壓力兩面夾攻，讓原本計畫中的母乳哺育嘎然畫下句點。

　　其實，若媽媽真的感到力不從心，不妨徵詢嬰兒室是否可幫忙哺育配方奶，以爭取休息時間跟減輕哺餵壓力。隨著母乳哺育的觀念日新月異，大多數的醫療院所都能接受母奶搭配配方奶雙軌進行。此外，請家人協助照顧安撫大孩子，也可以讓媽媽更加專注在母乳哺育上，避免「一根蠟燭兩頭燒」的窘境。

　　在母奶與配方奶的抉擇上，只要回歸育兒初心、衡量產後規劃、下定決心並獲得家人的支持，就是對妳和寶貝最好的決定。

● 爸爸扮演的角色

　　面對家庭新成員，爸爸與媽媽分享著同樣的興奮、喜悅、焦慮與不安。雖然做了充足的準備，但是夫妻都是新手上路，碰到難解的照顧問題，建議一起面對及解決，爸爸盡量不要事事請示媽媽，以免造成不必要的壓力及摩擦。

　　此外，有時雙方的育兒觀念分歧，但除非違背常理或有安全疑慮，否則沒有對錯或高下之分。網路上許多媽媽都曾分享另一半照顧寶寶時的荒唐行徑，雖然常讓人啼笑皆非，但是說不定日後也是甜蜜的回憶。過度爭執或是堅持己見，也可能會讓另一半或家人動輒得咎，反而會造成孤立無援的窘境，建議媽媽不妨以鼓勵代替責備，用溝通取代冷戰，讓育兒旅程更順暢。

至於在母乳哺育上，爸爸可以提供哪些協助呢？雖然哺育母乳有種種好處，但是也別急擬定哺育計畫，哺育的過程需要爸爸的全力支持，同時也要避免不必要的壓力。

- ✔ **一同了解哺育母乳的優點及相關知識**：參與產檢或是爸媽教室時習得的哺育衛教資訊是新手父母學習哺乳的入門手冊，有些立意良善的建議也未必正確。在學習相關知識後，爸爸可以協助媽媽在哺乳過程中維持舒適的姿勢，也可以注意寶寶的含奶姿勢及吞嚥速度是否正確，並分擔母奶保存和解凍步驟，讓哺餵過程事半功倍。

- ✔ **確保媽媽獲得所需的睡眠及休息時間**：頻繁的哺育母乳，容易造成媽媽的睡眠經常流於片段。爸爸不妨透過分攤嬰兒照顧及家務、學習新生兒沐浴及更換尿布、負責陪伴年長的孩子等貼心動作，讓媽媽能好好洗個澡、吃個飯或是睡個覺，才能讓快速流失的體力得以恢復，面對哺育母乳的漫長戰鬥。

- ✔ **作為媽媽及家人間的溝通橋樑**：餵母奶還是配方奶，是一項長久以來爭論不休的議題。親朋好友也許拉拔了許多孩子長大，但是母奶或配方奶哺育的個人經驗不一定適用於媽媽，有些立意良善的建議也不一定正確。透過爸爸與家人溝通，除了可以避免媽媽的身心煎熬，也能讓親友給予更適當的支持，營造更友善的哺育環境。

開心不開心？孕期及產後憂鬱

在已開發國家中，女性的憂鬱症盛行率普遍高於男性，除了因為女性情緒感受較為敏感以外，由於體內劇烈的荷爾蒙波動，例如經前症候群、孕期及產後憂鬱症或是更年期憂鬱，也讓女性在情緒調適上面臨比男性更多的挑戰。

● **媽媽為什麼憂鬱？**

最新研究報告顯示，孕期憂鬱症的盛行率正在逐年增加！憂鬱症的盛行率從 90 年代的 17％ 幅上升到近年的 25％。研究也證實，孕期憂鬱可能導致早產及胎兒體重過輕，而經歷了會陰裂傷和母乳哺育的雙重壓力，新手媽媽也可能因此罹患產後憂鬱症。

根據統計，憂鬱症常見好發年齡為 20 ～ 40 歲，因此，許多專家認為，孕產期憂鬱症應視為憂鬱症患者受到生產與育兒的壓力而導致發病，而並非只是一種侷限於孕產期間的特定疾病。

嚴重的產後憂鬱症若未獲得妥善治療，憂鬱症狀可能將持續數年；甚至可能增加子女罹患憂鬱症的風險。研究同時也指出，經愛丁堡產後憂鬱量表（Edinburgh Postnatal Depression Scale）診斷為產後憂鬱症的患者，如果症狀持續超過 8 個月以上未獲改善，其憂鬱症狀可能將長達 11 年之久。

愛丁堡產後憂鬱症評估量表

請您評估過去七天內自己的情況（非今天而已）

1　我能看到事物有趣的一面，並笑得開心
　　0 同以前一樣 1 沒有以前那麼多 2 肯定比以前少 3 完全不能

2　我欣然期待未來的一切
　　0 同以前一樣 1 沒有以前那麼多 2 肯定比以前少 3 完全不能

3　當事情出錯時，我會不必要地責備自己
　　3 大部分時候這樣 2 有時候這樣 1 不經常這樣 0 沒有這樣

4　我無緣無故感到焦慮和擔心
　　0 一點也沒有 1 極少有 2 有時候這樣 3 經常這樣

5　我無緣無故感到害怕和驚慌
　　3 相當多時候這樣 2 有時候這樣 1 不經常這樣 0 一點也沒有

6　很多事情衝著我而來，使我透不過氣
　　3 大多數時候您都不能應付 2 有時候您不能像平時那樣應付得好
　　1 大部分時候您都能像平時那樣應付得好 0 您一直都能應付得好

7　我很不開心，以致失眠
　　3 大部分時候這樣 2 有時候這樣 1 不經常這樣 0 一點也沒有

8　我感到難過和悲傷
　　3 大部分時候這樣 2 相當時候這樣 1 不經常這樣 0 一點也沒有

9　我不開心到哭
　　3 大部分時候這樣 2 有時候這樣 1 只是偶爾這樣 0 沒有這樣

10　我想過要傷害自己
　　3 相當多時候這樣 2 有時候這樣 1 很少這樣 0 沒有這樣

- 各項目為 0-3 分，總分 30 分。
- 總分 9 分以下，絕大多數為正常。
- 總分 10-12 分，有可能為憂鬱症，需注意及追蹤並近期內再次評估或找專科醫師處理。
- 總分超過 13 分，代表極可能已受憂鬱症所苦，應找專科醫師處理。

● 恢復好心情　改善情緒的方式

對於憂鬱其實並不主張尋找立竿見影的解決辦法，而是應該先正視自己是否真的有憂鬱問題。如果有情緒低落、莫名焦慮、長期失眠或是自我傷害等傾向，建議以「愛丁堡產後憂鬱評估量表」評估是否需要立即就醫尋求協助。

除了與醫師充分合作外，家人的耐心陪伴與支持是不可或缺的重要後盾。倘若是因為支持系統不足、日夜作息失衡，還是因為自身生活型態的巨大變化所致，可以先行嘗試調整生活重心，試著找回平衡。

孕期

首先，職場女性經常面對著職場工作與孕育生命之間的拉扯。孕期如有不適，經由產檢醫師判斷需要休息者，可由醫師開立診斷書建議工作職務的調整或是適當的休養假期，孕媽咪可參考《性別工作平等法》中的權益保障，更有餘裕好好爬梳自己的生活。

另外，孕期中如果有睡眠問題，除了可利用就寢環境的改善與增加日間的活動外，也可諮詢醫師是否使用藥物以改善睡眠品質。

產後

至於產後面對母乳追奶與新生兒照顧的夾擊，不妨與家人協調分工，不需一肩扛起擠奶、換尿布、幫寶寶洗澡，甚至陪伴寶寶玩耍等育兒工作，避免睡眠時間的長期剝奪造成心力交瘁，影響身心狀態。

面對著升格人母的壓力，孤軍奮戰所導致的情緒低落恐怕只會變本加厲，建議媽媽若覺委屈，不妨向親友誠實表達心中的感受，而非一味忍耐，以免來自家人的質疑與干涉弄巧成拙。

　　而母乳哺育常常是壓死駱駝的最後一根稻草，其實哺育母乳的時間長短或成功與否，並不是衡量母愛的唯一標準。雖然母奶的優點已獲得醫學證實，但是哺育配方奶也足以滿足孩子的營養需求。倘若餵養新生兒的責任，已經造成心中無法排解的巨大壓力，那麼利用配方奶喘口氣、好好睡個覺，甚至停止哺乳也是可以接受的，別讓過度的壓力扭曲了母乳哺育的美意。

 醫師小叮嚀

SOS 求助方式

　　倘若生活失衡的情況始終不見起色，建議應該正視問題，並接受自己的現況，即時尋求專業協助；而不是一直執著是不是哪個環節有了問題而鑽牛角尖地找尋問題的癥結，以免錯失治療先機。

　　孕產期憂鬱症的患者在醫師與家人的支持與努力下，情況終究會漸漸獲得改善；但是，醫生仍然會叮嚀適當休息與規律回診追蹤的重要性，也只有面對問題，接納自己，才能徹底遠離憂鬱帶來的陰霾。

此外，育嬰假的應用也有助於角色轉換的調適。這項短則 6 個月，長可達 2 年的福利措施，可讓媽媽全心全意地照顧寶寶，並提供返回職場的緩衝時間，幫助媽媽一步步地找回多重角色之間的平衡，而不至於陷入左右為難的窘境。

打還是不打？孕產期疫苗施打

新冠肺炎疫情席捲全球，所到之處總傳來重大傷亡，所幸在各國科學家的集思廣益下，新冠肺炎疫苗以前所未有的速度面世，透過疫苗的接種，可顯著地降低傳染性疾病帶來的傷亡。

研究也指出，藉由孕期的疫苗接種，母體所產生的抗體可以通過胎盤，增加新生兒對相關疾病的抵抗力，減少感染風險，以降低早產兒或新生兒的併發症發生及死亡。

一般常用的疫苗可分為四類：

1 活菌減毒疫苗

德國麻疹、水痘、麻疹、腮腺炎、卡介苗、口服小兒麻痺疫苗等

是經過減毒後的活細菌或病毒，可能會造成胎兒感染，孕婦不建議接種。

孕產期疫苗注射建議表	
接種時機	疫苗種類
孕前 建議接種疫苗	・麻疹腮腺炎德國麻疹混合疫苗 ・B 型肝炎疫苗 ・水痘疫苗
孕期 建議接種疫苗	・百日咳疫苗（妊娠 28 ～ 36 週） ・流行性感冒疫苗（每年 10 月開放當年度疫苗） ・新冠肺炎疫苗（依照政府公告接種）
產後 建議接種疫苗	・人類乳突病毒疫苗

2 死菌疫苗

[流行性感冒、狂犬病疫苗、B 型肝炎疫苗等]

由死菌製成，對胎兒沒有感染力，孕婦可注射。

3 類毒素疫苗

[白喉、百日咳、破傷風疫苗等]

由細菌分泌的類毒素製成，不會感染胎兒，孕婦可注射。

4 新冠肺炎疫苗

[莫德納、BNT、AZ、高端、科興等不同廠牌疫苗]

因臨床證據較為完整，因臨床證據較為完整，台灣婦產科醫學會建議孕婦優先接種莫德納疫苗。

由於孕期中罹患麻疹、腮腺炎、德國麻疹及水痘可能會對胎兒造成傷害，但孕期接種上述疫苗可能有安全疑慮，因此建議有備孕計畫的女性可以提前接種以上疫苗。雖然活性減毒疫苗大多建議接種後要滿 1 ～ 3 個月才能受孕，倘若孕婦在不知道懷孕的情況下接種了活菌減毒疫苗，也不需過度擔心，只要後續密切追蹤胎兒的發育無礙，仍可與婦產科醫師討論是否保留胎兒。

B 型肝炎疫苗雖然在孕期中接種安全無虞，但是因為要完整接種需時 6 個月，建議備孕女性可以提前接種。

針對上述孕婦可在孕期接種的疫苗，一般在婦產科門診諮詢時，多建議孕婦施打疫苗最好在懷孕滿 3 個月後再開始。會有這樣的建議，並非顧慮疫苗在這時會造成胚胎的傷害，而是因為懷孕前 3 個月內自然流產的機會本來就比較高，萬一因為自然流產發生時間正巧在施打疫苗後，難免將不幸事件與疫苗做不必要的聯想而造成誤解。如果孕婦能清楚了解其中的因果關係，必要時也可在未滿 3 個月時接種，而疫苗接種後的發燒不適，可以透過大量補充水分及每 6 到 8 小時服用一顆普拿疼來舒緩症狀。注射處的局部不適則可以利用冰敷來緩解不適，切勿按揉注射處以免影響疫苗效果。

至於哺乳期接種疫苗，因為疫苗成分無法通過胎盤，所以不會對寶寶造成傷害。假使在疫苗接種後有發燒或其他不適，也不用停止哺育母乳，請各位新手媽媽放心。

Part **3**

產後忙什麼？
媽媽的產後
3個月生活

產後住院生活

　　歷盡千辛萬苦，甚至可能花三天三夜，妳總算「擠」出了與另一半期待已久的小寶寶。雖然中間一度想要放棄，但是看到他白白嫩嫩的小手，就覺得一切都值得了。在產後住院期間，要注意哪些事項呢？

　　一般無論是自然產或是剖腹生產，產後關心的重點不外乎惡露量、傷口恢復狀況、大小便情形和飲食情況等問題。當以下狀況經醫師評估皆無大礙後，即可出院返家休養。為了避免返家後才出現不適，也會安排出院約一週後回診。

● 觀察惡露量及顏色

出血量

　　通常為了監測是否有大出血的情形，會先在產房或恢復室觀察 2～3 個小時，確定狀況穩定後才會回到病房休息。住院期間，偶爾會有稍微大量的惡露排出，有時甚至會滲濕整片產褥墊，尤其是在擠奶後特別容易發生，只要出血情況會自行改善，就不用太擔心。

顏色

　　剛開始的惡露多半呈現鮮紅色，伴隨著一些小血塊；隨著子宮內膜的漸漸復原，惡露顏色開始變得深沉，有點像是咖啡色的血跡；接著顏色慢慢變淡，從粉紅色變成黃白色，然後呈現透明無色的陰道分泌物。

(進程)

　　上述的進程不一定會照著順序進行，有可能好久沒有惡露出現，卻又突然有些出血。只要出血量不多，比懷孕前月經量少、沒有異味、肚子也不覺得不舒服，就不需要太緊張。進程可能會持續約 6 ～ 8 週，依個人體質而異，有時也可能會拖到 2 ～ 3 個月，只要沒有上述異常就不必太過擔心。

● 傷口恢復狀況

　　陰道或剖腹生產後，需要注意傷口有沒有立即性的腫脹疼痛或滲出膿狀分泌物，如果有，就要小心是否傷口血腫或感染，必要時需要立即處理。

(自然產傷口)

　　若是自然產有嚴重產道撕裂傷，如傷及肛門括約肌或是肛門黏膜的第三或第四級撕裂傷則要特別注意。剛生產完的 1 ～ 2 天可以先用冰敷的方式止痛消腫，待傷口狀況穩定以後再開始使用溫水坐浴（請參見 P223），促進傷口的血液循環及放鬆肌肉。除非傷口深及肛門或是有感染跡象，才需要在溫水中加入優碘等消毒藥水，不然只要一般清水即可。目前大多以可吸收線縫合會陰傷口，所以傷口無須拆線；由於會陰血流豐富，加上雙腿在多數的時間呈現併攏，傷口的張力不大，疤痕發生的機率極小。

(剖腹產傷口)

　　住院期間以觀察是否有出血及腫脹為主。如果恢復情況良好，以防水敷料敷蓋後，即可進行沐浴，但仍不可盆浴。倘若未覆蓋防水敷料，也只要保持傷口乾燥，並定期消毒即可。

大約在開刀後的 7 ～ 10 天,傷口表面便癒合完成。這時不需防水敷料的保護,即可正常碰水洗澡。疤痕照顧是一項長期抗戰,由於疤痕成熟穩定需要約半年到 1 年的時間,所以抗疤產品必須持之以恆地使用半年以上,才不會產生肥厚性疤痕。

● 大小便情形

如果產程進展不順或是急產,都有可能影響排尿功能;有的是解尿不順,有的則是無法控制的尿失禁,如果有上述情形,先別太驚慌。一般多會在休息或治療後逐漸改善。

另外,排便的部分,產後大多數會有便秘的問題,必要時可諮詢醫師是否需要使用軟便藥以幫助排便。倘若有痔瘡,只要搭配溫水坐浴促進肛門周遭的血液循環,並搭配外用藥膏塗抹及減少便秘,大多數的痔瘡都會不藥而癒。

● 產後飲食

剖腹生產後,因為麻醉藥物可能會影響腸胃蠕動,所以產後進食要慢慢來。除了少量多餐外,一些容易產氣的食物,如奶製品、雞蛋與豆類要酌量食用,以防腸胃脹氣。至於自然產後則無太多禁忌,但是還是建議以溫和清淡的食物為主。

● 產後的沉默殺手 深層靜脈血栓

深層靜脈血栓(Deep vein thrombosis)是因為血栓在深層靜脈形成,堵住了血管造成血液回流不佳,易導致肢體蒼白腫脹,疼痛麻木等症狀,當病情惡化也可能造成組織缺血壞死。若是發生血栓的位置在近端深層靜脈,由於靠近心臟,有很高的機會併

發致命性的肺栓塞，造成胸痛咳血、呼吸急促及血氧濃度下降等症狀。

孕產婦因為體內荷爾蒙改變，更是靜脈血栓發生的高危險群。婦產科醫學會也特別提醒，孕期體重控制不佳、高齡以及長期臥床的產婦，要特別提高警覺，提早預防。而為了避免血栓，建議生產後尤其是剖腹生產術後，務必盡早下床活動，臥床休息時也應將下肢抬高改善血液回流，而在自然產待產時或剖腹生產手術時穿著醫療級彈性襪，手術後持續穿著約 3 ～ 5 天，也有助於減少血栓的形成。

預防

除建立良好的運動習慣以維持理想體重並改善血液循環外，每日也要補充充足的水分並禁止吸菸。如果因工作原因需要久站或是久走，建議可穿著彈性襪以改善下肢血液循環。倘若有胸悶、肢體疼痛及腫脹等可疑症狀突然發生，則應盡速就醫，以免延誤治療。

治療

一般靜脈血栓治療，多採用靜脈或是口服抗凝血劑治療，並搭配抽血檢查追蹤凝血功能，治療期間視病情嚴重程度約需用藥 3 ～ 6 個月；若是嚴重或是藥物治療反應不佳，則可能需要進行侵入性治療，如新式血栓抽吸清除裝置等技術。然而，由於靜脈血栓的復發率極高，據統計約有 1 ／ 3 的患者會在 10 年內復發，因此痊癒後仍須定期追蹤。

產後住院生活

月子照護新建議

　　為了延續孕產期的照顧、避免延誤併發症的診治，一般多半安排媽媽於出院後約一週回診。除了確認傷口恢復狀況、惡露排放狀況、大小便是否順利及哺育母乳是否順利外，倘若媽媽本身罹有慢性病，如高血壓、糖尿病、甲狀腺、腎臟，或身心科疾病，也會在產後安排相關專科回診，以銜接孕前的相關疾病照顧。

▲ 產後應注意血壓監控。
Photo by 曾翌捷醫師

產後快速復原技巧

　　如果身體恢復的不錯，產後回診時間多建議在產後 6 ～ 8 週左右。這時惡露多已排除乾淨，子宮也幾乎恢復到孕前的狀況，所以也會安排子宮頸抹片檢查，並針對未來的生育計畫提供避孕資訊。

　　孕期併發早產、妊娠糖尿病，以及妊娠高血壓疾患的媽媽，由於日後發生心血管疾病及代謝症候群的風險較高，也會建議在心臟內科或是新陳代謝科追蹤。此外，生活上也有些事項需注意。

● 按時上廁所並記錄排尿頻率

由於自然產時，胎頭會壓迫骨盆底神經，萬一產程進展緩慢，或使用器械助產，可能會因為過度壓迫神經，影響產後膀胱的控制能力，讓媽媽在產後出現「來不及走到廁所就漏尿」、「沒有尿意」或「解尿不順」等症狀，所以產後前幾天記得每 3 ～ 4 小時定時上廁所，確保膀胱沒有過度脹尿或是解尿不乾淨。另外，睡前應先如廁，以免因為熟睡而忘記解尿，待早上起床後才發現解尿困難，等確定排尿都正常後，再恢復日常習慣。

● 補充清淡食物和蔬果

不論是自然產或是剖腹生產，一時之間腸胃都還未完全恢復，若突然攝取太多蛋白質，不但容易脹氣不適還可能會引起便秘。特別是剖腹生產時所施打的半身麻醉，其中的藥劑會影響腸胃蠕動，儘管手術過後不需等待排氣再進食，但仍應以粥、麵線、湯等清淡食物為優先。待消化功能恢復以後再搭配含有豐富纖維質的蔬果來促進排便，等腸胃功能大致恢復正常再逐漸增加蛋白質的比例，讓身體循序漸進回到正常狀態。

另外，油膩、辛辣和刺激性食物也容易造成腸胃不適。雖然孕期可能已經忌口許久，但是產後仍不建議大快朵頤，尤其油膩食物可能增加塞奶的機會，建議還是淺嘗即可。若想用中藥調養身體，由於方劑使用與體質相關，建議還是諮詢專業中醫師開立處方。

月子照護新建議

醫師小叮嚀

產後可以飲酒、吃含酒料理嗎？

　　而歷經了懷胎十月，在孩子平安生下的那一刻後總算可以嘗嘗久違的滋味了吧？那得看妳是不是母乳媽媽囉！

· **飲酒：**飲用酒精飲品會增加母乳中的酒精濃度。由於新生兒的肝臟功能尚未成熟，因此母乳中的酒精可能會造成寶寶極大的負擔，輕則造成寶寶嗜睡及食慾減低。若是母親長期酗酒，飲用母乳的寶寶在 1 歲時也容易有粗動作（大肌肉動作）的發展障礙，所以開始嘗試的時間不建議早於產後 3 個月。

· **含酒料理：**國人習慣以酒入菜，特別是產後補身的佳餚，如燒酒雞及麻油雞都有以酒增加風味及增強食補的功能。雖然經過滾煮，會有部分酒精揮發，但是殘留的酒精量仍然不可輕忽。據統計，酒精經過不同的烹調方式，最後殘留的比例最高可達 75%，如食材加酒點燃；即便是經過持續燉煮 2 小時，殘留比例仍可達 5%。因此母乳媽媽在產後飲食要特別當心。

· **食用後哺餵方式：**如果有朋友聚會或商務聚餐，小酌幾口勢在必行；或是婆婆媽媽端上一鍋熱騰騰的麻油雞時，該如何兼顧母乳哺餵呢？飲用酒精飲品或是食用以酒入菜的佳餚時，母乳中的酒精濃度會在食用 30 ～ 90 分鐘後達到高峰，因此可以先排空乳汁，並讓飲酒時間與下次哺乳至少間隔 2 個小時，以降低下次哺育時母乳中的酒精濃度。

● 1 天至少喝 2,000 cc 的水

雖然孕期產後難免水腫，產後仍需補充大量水分。因為蓄積在周邊組織的水分，無法為身體所用。建議沒有限水需求的產婦一天最好喝 2,000 cc 以上的水，以免因為缺乏水分造成泌乳量不足、泌尿道感染或是便秘。水分的**攝取**來源除了月子水或補湯以外，一般飲用水也可以。

至於冰涼飲料，如果大量飲用可能會有退奶之虞，建議還是以常溫飲品或是飲用水為主，並以「少量多餐」的方式飲用，例如，每次哺育母乳後即飲用 200 ～ 300cc 的水分，以減少大量飲水所帶來的腹脹不適。

● 經常以「溫水坐浴」

自然產後，因為會陰傷口腫脹及惡露沾染，容易感到不適。溫水坐浴的應用一方面可以改善會陰血液循環，舒緩組織腫脹及疼痛，並放鬆骨盆周邊肌肉；另一方面也可以促進肛門靜脈血液循環，讓產時用力而惡化的痔瘡消腫、減輕疼痛。

至於剖腹生產的媽媽雖然私處無傷口，但是也能利用溫水坐浴時，清潔大量排出的惡露。

▲ 溫水坐浴示意圖。

月子照護新建議

　　可添購專用的坐浴盆，比起傳統的臉盆要方便許多。待盆中注入溫水（通常以清水即可，溫度以身體舒適為主，如有傷口感染或深層裂傷再加入消毒藥水）後坐下，一天可以抽空泡 2 ～ 3 次，每次大概泡 10 分鐘左右。倘若有痔瘡不適，可以在過程中按摩痔瘡腫脹部位，以促進局部血液循環幫助消腫，等坐浴完成後再於患部塗抹痔瘡專用藥膏。

● 排出惡露、按摩子宮

　　惡露的排出是產後恢復的重點之一。為了加速惡露排出，除使用中西藥外，就是利用子宮收縮。由於產後需要休息片刻才會開始嘗試哺乳，因此子宮需要藉由外力按摩或是藥物才能收縮良好，所以產後前 1 ～ 2 天，要記得抽空以手掌環狀按摩子宮底部，直到子宮收縮呈現葡萄柚般大小及硬度，以避免收縮不良造成出血不止。等到開始規律哺乳後，泌乳刺激即可促進宮縮，幫助子宮復原，即不需透過按摩或藥物來刺激宮縮。

● 調整作息，保持充足睡眠

　　寶寶呱呱落地後，媽媽難免得犧牲睡眠時間哺育、照顧，「寶寶睡，媽媽跟著睡」的睡眠型態無法滿足母體所需。妳可以嘗試幫寶寶建立「良好的喝奶紀律」來改善。例如，每次至少餵奶 15 ～ 30 分鐘，讓寶寶充分吃飽，倘若他喝幾口就睡著，可試著用濕毛巾擦臉及手腳來喚醒他，或是稍微解開包巾，讓他因溫度變化而醒來。

　　另外，可逐步調整寶寶的生活作息，增加寶寶日間清醒和夜間熟睡的比例。如在日間餵奶的前後，可以增加與寶寶的互動，讓寶寶不至於一吃飽就睡；日間小睡時也應適度喚醒寶寶，以免日夜顛倒。夜間餵奶時則應速戰速決，喝奶後確認寶寶有適當拍嗝後即可讓寶寶休息。環境的營造也很重要，白天可將寶寶放置在光亮有適度聲響的生活空間，如客廳，讓寶寶習慣日間的環境；而晚上盡量保持寶寶身處環境的安靜與陰暗，以便建立晝夜作息，讓親子都能獲得完整的睡眠，促進產後身體修復並改善免疫力。

側躺餵奶姿勢

在背後及兩膝蓋間墊著枕頭可能會比較舒服。

頭及肩膀舒服地躺在枕頭上側躺。

媽媽可以很舒服地躺著餵奶，尤其是在晚上的餵奶，可以邊餵邊休息。

學習「輕鬆餵奶」也有幫助。剖腹生產的媽媽可學習在床上側躺哺乳，以減少傷口壓迫不適；但是要注意不能在哺乳時睡著，並要記得將寶寶放回嬰兒床，以免發生窒息或墜落的意外。無論採取哪種餵奶姿勢，切記要讓身體處於完整支撐的狀態，以減少身體負荷。像是選擇有椅背的椅子，將椅墊坐好、坐滿，以便腰背獲得完整支撐；適當選用授乳枕墊在雙手下方，讓雙手不必懸空乘載寶寶的全部體重。餵奶時也盡量別低頭彎腰，以減少頸椎負荷。

● 建立規律運動習慣

待傷口恢復完全後（自然產約 2～3 週，剖腹生產約 3～4 週），可開始鍛鍊核心肌群以改善腰痠背痛，並加速體態恢復至孕前的曼妙身材。此外，若孕期就有尿失禁困擾，也別忽略練習凱格爾運動，以幫助骨盆底肌肉復原，改善尿失禁、骨盆腔器官脫垂等問題。

最後，產後運動的前、中、後都要記得補充水分，以防脫水暈眩造成受傷；恢復運動習慣宜循序漸進，不要貿然嘗試高強度運動以免受傷。母乳媽媽在運動前須排空乳房，以減少乳房脹痛不適。

▲ 練習凱格爾運動改善尿失禁。

產後 3 個月，減重最佳時期

生產後看著鬆弛的小腹及圓嘟嘟的身材，不免擔心無法恢復。產後 3 個月是最佳減重期，應好好把握，利用適當的飲食熱量控制，配合規律運動以及哺餵母乳達到產後瘦身的黃金三角，就能得到最佳瘦身效果。

此外，產後運動也須量力而為、循序漸進，通常建議從伸展運動如瑜珈，或是有氧運動如慢跑、游泳，或是騎腳踏車開始，以避免太過激烈的運動造成肢體受傷或是骨盆底肌肉鬆弛，導致器官脫垂或尿失禁等後遺症。若透過積極的飲食和運動控制，產後 6 個月仍成效不彰，則可尋求專業醫療團隊的建議，以達成理想體重的恢復。

月子照護新建議

產後瘦身黃金三角

哺育母乳

控制飲食

規律運動

產後避孕方式有哪些？

隨著育兒生活逐漸上了軌道，總算開始有些駕輕就熟的感覺，但身旁的另一半也似乎蠢蠢欲動，迫不及待地要重拾過往的閨房情趣。

產後因是否哺育母乳以及哺育時間長短不同，第一次月經有可能在產後 1 ～ 2 個月或是 3 ～ 6 個月來潮。但早在第一次的月經前，媽咪就已經悄悄排出了第一顆的卵子，所以才常有月經還沒來，但卻不小心懷孕的意外驚喜。因此，雖然在產後惡露結束後，夫妻就可以開始嘗試同房，但是務必全程使用避孕措施，以防意外懷孕。

為了不要太快懷上第二胎，有哪些避孕的好方法？

保險套

一般產後建議使用保險套或子宮內避孕裝置。由於哺乳時期的荷爾蒙變化使陰道變得乾澀，加上會陰傷口疤痕缺乏彈性，常讓產後性生活變得痛苦難耐。使用保險套，不僅可避孕，其中的潤滑液更能有效減少「產後重開機」時的疼痛不適（需全程使用才有可靠的避孕效果）。

子宮內避孕裝置

　　僅次於結紮手術外，最可靠的避孕方式，一般隨著使用廠牌及種類的不同，可提供 3 ～ 5 年全天候、24 小時不中斷的避孕效果。待有備孕打算時，只需將裝置取出，即可立刻嘗試受孕，不需另外等待。對計畫生育的夫妻，提供充足的緩衝時間，以免不慎過早受孕。

月子照護新建議

 醫師小叮嚀

避孕小提醒

　　計算安全期、性交中斷法或體外射精法等，因產後排卵不可預測或使用時機難以控制，經常導致避孕效果不佳，非常不建議使用喔！

　　此外，若想使用口服避孕藥來避孕也應特別小心。避孕藥的成分會影響體內荷爾蒙，導致母乳分泌量減少或是中止，所以如果有哺育母乳的需求，應避免選擇以口服避孕藥來避孕，以防母奶量減少甚至造成退奶。

再次懷孕注意事項

　　為了讓母體充分恢復以及考量到照顧新生兒所帶來的生活衝擊，一般多建議休息 2 ～ 5 年再生第二胎。相關文獻研究指出，間隔時間太短（小於 1 年半）容易增加早產、胎兒體重過輕及新生兒加護病房的住院率；若是間隔時間太長，則可能會增加子癲前症的發生率。

　　在準備下次懷孕之前有哪些注意事項呢？

● 保持心血管健康

　　懷孕可視為對女性心血管系統的壓力測試。孕期若發生特定的妊娠併發症，如子癲前症、妊娠糖尿病、妊娠高血壓、早產、胎兒生長遲滯都與後續的心血管疾病風險有關。因此，倘若孕期曾發生上述疾病，應該與醫師討論未來懷孕的可能風險，如有必要，應規律地在心血管內科追蹤，將血壓維持在正常範圍，以減少下次懷孕時的發病機率。

● 追蹤血糖狀況

　　孕期若有妊娠糖尿病，建議在產後 6 ～ 12 週後追蹤血糖狀況，並定期追蹤血糖。理想體重不僅有助於降低心血管疾病風險，也有助於改善受孕與懷孕結果，最佳的介入時機為孕前諮詢與產後回診，除了調整生活型態以外，若能配合專業營養師的減重計畫也可獲得不錯成效。

　　另外，透過母乳哺育也能增加能量的損耗。但是，千萬不要等到完成全部的生育計劃以後，再嘗試恢復正常體重，在體重控制不盡理想時受孕，不僅易增加孕期相關併發症，逐漸失控的體重也會讓媽媽力不從心，讓體重恢復之日顯得遙遙無期。

● 備妥生產紀錄

　　假如前一胎曾發生早產、早期破水，或是疑似子宮頸閉鎖不全，在規劃下一胎之前也要記得備妥生產紀錄，以提供產檢醫師作為參考，必要時，甚至需要考慮在醫學中心進行產檢及生產。

　　因為在未來的懷孕中，有可能要進行積極的早產預防或是子宮頸環紮手術，倘若狀況不穩定，仍有早產的可能，在配備有新生兒加護病房的醫院生產是較佳的選擇。

　　另外，若前一胎有胎兒異常，也建議與醫師仔細討論再次發生的可能性，必要時可以尋求遺傳諮詢的協助，擬定最適合的生產計劃。

月子照護新建議

圖解 準爸媽最關心的
懷孕 40 週保健全書

作　　　者	曾翌捷
選　　　書	林小鈴
主　　　編	陳雯琪

行 銷 經 理	王維君
業 務 經 理	羅越華
總　編　輯	林小鈴
發　行　人	何飛鵬
出　　　版	新手父母出版
	城邦文化事業股份有限公司
	台北市南港區昆陽街 16 號 4 樓
	電話：(02) 2500-7008　傳真：(02) 2502-7676
	E-mail：bwp.service@cite.com.tw
發　　　行	英屬蓋曼群島商家庭傳媒股份有限公司城邦分公司
	台北市南港區昆陽街 16 號 5 樓
	讀者服務專線：02-2500-7718；02-2500-7719
	24 小時傳真服務：02-2500-1900；02-2500-1991
	讀者服務信箱 E-mail：service@readingclub.com.tw
	劃撥帳號：19863813
	戶名：書虫股份有限公司

香港發行所	城邦（香港）出版集團有限公司
	香港灣仔駱克道 193 號東超商業中心 1F
	電話：(852) 2508-6231　傳真：(852) 2578-9337
	E-mail：hkcite@biznetvigator.com
馬新發行所	城邦（馬新）出版集團 Cité(M)Sdn. Bhd.
	41, Jalan Radin Anum, Bandar Baru Sri Petaling,
	57000 Kuala Lumpur, Malaysia.
	電話：(603) 90578822　傳真：(603) 90576622
	E-mail：cite@cite.com.my

封面設計 / 鍾如娟
版面設計、內頁排版、插圖 / 鍾如娟
圖片提供 / 曾翌捷、GE
製版印刷 / 卡樂彩色製版印刷有限公司
2022 年 12 月 27 日初版 1 刷　　　　　Printed in Taiwan
2024 年 06 月 25 日初版 2.8 刷

定價 500 元
ISBN：978-626-7008-31-7（紙本）
ISBN：978-626-7008-33-1 (EPUB)

國家圖書館出版品預行編目 (CIP) 資料

圖解準爸媽最關心的懷孕 40 週保健全書 /
曾翌捷著 . -- 初版 . -- 臺北市：新手父母出
版，城邦文化事業股份有限公司出版：英屬
蓋曼群島商家庭傳媒股份有限公司城邦分公
司發行 , 2022.12
　面；　公分 . -- (準爸媽；SQ0023)
ISBN 978-626-7008-31-7(平裝)

1.CST: 懷孕　2.CST: 分娩　3.CST: 婦女健康

429.12　　　　　　　　　　　　111019735